星
巨大ガス球の生と死

Andrew King 著

中田 好一 訳

SCIENCE PALETTE

丸善出版

STARS :

A Very Short Introduction

by

Andrew King

Copyright © Andrew King 2012

All rights reserved. No part of this book may be reproduced or transmitted in any form or by any means, electronic or mechanical, including photocopying, recording or by any information storage retrieval system, without the prior written permission of the copyright owner.

"STARS : A Very Short Introduction" was originally published in English in 2012. This translation is published by arrangement with Oxford University Press. Japanese Copyright © 2013 by Maruzen Publishing Co., Ltd.
本書は Oxford University Press の正式翻訳許可を得たものである．

Printed in Japan

まえがき

　私たちの身体のどの原子もかつては星の一部でした．知識人たらんとするなら，誰でも星がどう進化するかについて何らかの知識を持ってしかるべきです．本書は，星が成熟して次のレベルへと進化の各段階を次々に経過して，避けがたく，ときには壮麗な死に到達し，ついにはブラックホールのような残骸として一生を終えるまで，物理法則がいかにして星を進化に駆り立てていくかを説明します．

　本書を読むには高校での理科と数学の授業の記憶がいくぶんか残っていれば十分です．例えば，読者には，球の表面積は半径の2乗と関係することや，圧力や密度について少しは知っている程度の知識が期待されています．時折，簡単な式が現れますが，それは簡単な数学を知っている人にとっては，そのほうがその隣に並べた言葉による説明よりも，わかりやすいからです．私は，本書が高校の理科の授業，専門的な大学の課程，米国での「詩人のための天文学と物理学」などで，天文学の初級コースを取っている学生諸君の役に立つことを願っています．

大学のスポーツホールでともに汗を流したロブ・コールズは本書の執筆を薦めてくれ，励ましと忠告を与えてくれました．クリス・ニクソンは本書の図のいくつかを作成し，リサ・ブラントは最終稿を出版可能なかたちに直してくれました．

　本書の一部はレスターシャーの田舎で書き，残りはアムステルダムで書きました．どちらでも快適に過ごせたのはニコルのおかげです．

目 次

1 **科学と星々**　1
　　星は何からできているのだろう？／重さは？　熱さは？　明るさは？　大きさは？／星って単純

2 **太陽の生き方**　19
　　重力と太陽／エネルギーと進化

3 **表通りの日々**　43
　　原子と原子核／核燃料／着火／水素燃焼星／主系列の限界：縮退

4 **元素のクッキング**　71
　　成長と変化／巨星

5 **星々が亡くなる日**　87
　　終焉／中性子星とブラックホール

6 **亡きがらを求めて**　105
　　パルサー／降着／ブラックホール／連星の進化／終点：星のリサイクル／終点：最も明るい連星／ガンマ線バースト／エピローグ

7 宇宙を測る　143
　　　　年齢／距離／加速膨張

8 はじまり　157
　　　　輪廻／暗がりでの誕生／最後の星

推薦図書　169

図の出典　171

訳者あとがき　173

索　引　177

第1章
科学と星々

星は何からできているのだろう?

　哲学者オーギュスト・コントは社会学の創始者であり，ブラジル国旗には彼の言葉，「秩序と進歩」，が書き込まれています．彼は1835年に次のように述べました．

> 私たちがいつの日か，星の化学組成を定めるようになろうとは考えられない．
>
> （実証哲学講義）

　1857年に彼が亡くなって間もなく，科学はコントの断言が間違いであったことを証明しました．星の中には私たちが地球上で見出すすべての元素が含まれていたのです．いまでは私たちの体を構成する原子のすべてが，かつては一つの星，あるいはいくつかの星の一部であったことを私たちは知っています．数年の間に，星の本性は，考察すること自体が無意味か，あるいは禁じられてさえいた神秘から，私たちが宇宙と私たちの位置を理解するための基礎となる物体へと変わりました．夜空に光る星は，教理学と神秘論の領域から定

量的な科学的探究の合理的な対象へと変わりました．

　物理学がこの転回を引き起こしました．コントの誤りは，物体が何からできているかを知る唯一可能な方法は，その物自体を手にすることだと考えたことです．しかし，科学は彼が想像もしなかった考え方へと私たちを導きました．ある物体が十分に熱ければ，それが放つ光を調べるだけで，私たちはその化学組成を導き出せます．糸口となる研究は多数あったのですが，決定的な発見の功績は，2人のドイツ人科学者，グスタフ・キルヒホフとローベルト・ブンゼンに帰します．彼らは，異なる元素を含む化学薬品の炎は異なる色で燃えることを知っていました．銅化合物は青く，ナトリウムは強い黄色の炎を上げます．しかし，彼らは未知のサンプルの組成をきちんと定めるまでには至りませんでした．というのは，化学元素と色の関係が1対1に決まらないからです．例えば，ヒ素と鉛の化合物はどちらも青い炎をつくり出します．

　熱したサンプルからの光がどのように赤くまた青いのか，定量的に知る必要があるとキルヒホフが認識したときが，決定的なジャンプの瞬間でした[*]．彼はプリズムに光を通して分散させました．17世紀にアイザック・ニュートンは太陽の光で同じことを行い，それが赤から青，紫という虹の色をすべて含むことを見出しました．1814年にドイツの眼鏡職人ジョセフ・フォン・フラウンホーファーはさらにその先へ行き，この太陽光スペクトルを横切って数百の暗線が存在す

ることを示しました．それらの線はつねに同じ場所に現れ，いまではその場所はその線の光の波長に対応することがわかっています．赤い光の波長は長く，青い光は短いのです．このようにして光を分散させ，キルヒホフとブンゼンは，ある元素のサンプルを熱して得られる光のスペクトルは厳密に決められたパターンを持つことを見出しました．このパターンは元素の指紋なのです．ある決まったパターンの波長で光っている明るいスペクトル線が見つかったら，それはその元素が存在している印なのです．あなたは学校での化学の時間にサンプルを熱するのに使ったバーナーを覚えているでしょうか．あの有名なバーナーを開発したことがブンゼンの功績です．これは非常に大事なことでした．なぜなら，このバーナーの炎は可視光で自分自身のスペクトル線を出さないので，サンプルの特性スペクトル線とバーナーのスペクトル線が混じり合う心配がないからです．

　間もなくキルヒホフとブンゼンは，彼らの装置（いまでは分光器とよばれています）を使えば，実験室サンプルだけでなく，遠方にあっても十分に熱ければ，その物体の成分を検出できることに気づきました．ある夕方，彼らはハイデルベルクの実験室から，10マイル（16キロメートル）先のマンハイムで起きた大きな火事の炎を眺めていました．彼らの分光器はその炎の中にバリウムとストロンチウムのスペクトル線を検出しました．次に，彼らが自分たちの分光器を火事の炎から太陽へと向けたのは，単純とはいえ重大な一歩でした．彼らはもちろん，熱したサンプルからの明るいスペクト

ル線の代わりに，太陽スペクトルにあのフラウンホーファー暗線をふたたび見出しました．そのうえ，彼らは暗線の位置（つまりそれらの波長）が実験室で熱したサンプルの明るい輝線の位置とぴったり一致することに気づきました．明らかに，これは偶然の一致などではありません．実験室で熱せられた元素からの光がスペクトルに輝線として現れるその位置は，フラウンホーファーの暗線が太陽から光を引き抜いている場所と一致するのです．

　これが何を意味するかを，キルヒホフはただちに悟りました．ある化学元素は，それがまわりより熱ければさまざまな特性波長で光を放つが，逆にまわりより温度が低ければちょうど同じ波長の光を吸い込みます．彼は，同じ元素のサンプルを二つ取り，それを異なる温度に熱してから箱で囲うという実験を頭の中で想像しました．このような推理法を思考実験といいます．彼のあらゆる経験は二つのサンプルはやがて同じ温度に落ち着くことを教えました．熱いサンプルは冷え，冷たいほうは熱くなるのです．しかし，二つのサンプルの間で温度についての情報を交換する唯一の方法は，おたがいに光を吸収したり放出したりすることなのです．そのときには，熱いほうのサンプルが放出する特性パターンの光とまったく同じパターンで冷たいほうのサンプルは光を吸収しなければならないはずです（図1）．太陽に当てはめると，熱いサンプルが太陽内部，冷たいサンプルが太陽表面層ということになります．すると，熱いサンプルすなわち太陽内部からの光の中で，冷たいサンプルすなわち太陽表面層に含まれ

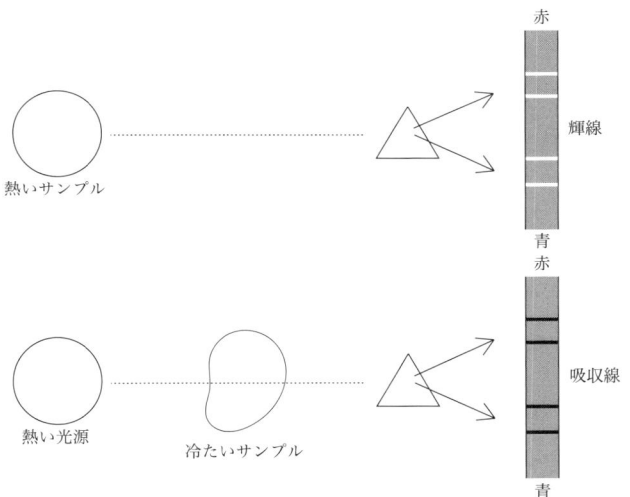

図1 スペクトル輝線と吸収線．上：熱いサンプルからの光はプリズムを通過すると広がります．そこにはサンプル内に存在する元素の特性的な明るいスペクトル輝線が見られます．下：同じサンプルを背後からより熱い光源で照らすとスペクトル線は周囲より暗い吸収線となります．星の表面近くの層は内部より低温なので，通常は星の光のスペクトルには吸収線が見られます．

る元素の特性パターンのところが吸収されるのです．太陽スペクトル中に見られるフラウンホーファー暗線は，太陽表面層はその内側よりも冷たく，したがって表面層に含まれる元素特性パターンの波長の光は吸収されて，地球には届かないことをはっきりと示しているのです．

現在では，それらのスペクトル線は各元素の原子構造について語っていることがわかっています．それについてはあと

第1章 科学と星々 5

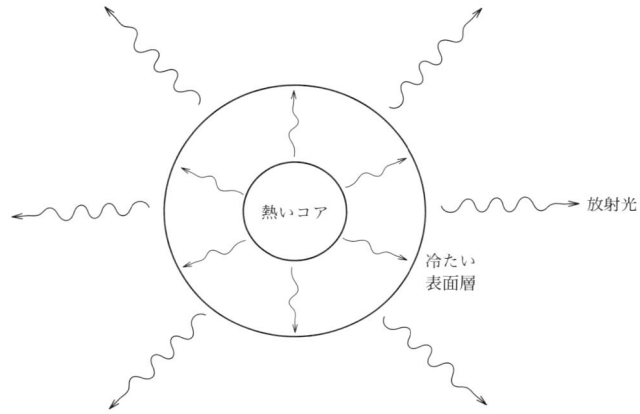

図 2 星はその表面から熱を空間へ逃がします．その温度は中心で最も高く，表面が最も低いのです．

でもっと述べることにします．原子構造の完全な理解が得られたのは 1920 年代で，当時はそのような知識を欠いていたのですが，物事のとらえ方に起きた変革は決定的なものでした．科学はいまでは太陽についてはっきりした物理的描像を持っています．それは熱いガス球で，熱いどんな物体でもそうであるように，内部より表面のほうが低温です（図 2）．燃えているひと塊の石炭の中心部は表面より高温ですが，それはベッドの掛け布団の中が外より暖かいのと同じです．

　本書ではこの考えを発展させて，この発見が私たちをどんなに遠くまで連れ出すかを見ていきます．その前に，星について天文学者が知っている基本的な事柄と，それらをどのように知ったかを理解しなければなりません．もしあなたがこ

れらの事柄をすでに知っているか，それらはそのまま信用することにするなら，この章の最後の節まで読み飛ばしてください．

重さは？　熱さは？　明るさは？　大きさは？

望遠鏡に分光器を取り付けてみましょう．これを最初に行ったのは，お金持ちの英国人アマチュア天文学者ウィリアムとマーガレット・ハギンスですが，すると星を理解する鍵，すなわち星のスペクトルが手に入ります．驚くべきことに，それは私たちに星の質量を教えてくれたのです．そのためにはドップラー効果が使われます．これは光だけでなく音波のような波のすべてに起こる現象です（図3）．この効果により，私たちはスペクトルを使って星の速度を導き出すことができます．波を放射する物体が私たちから遠ざかる状況を考えてください．その場合には，物体から放射された波が私たちにたどり着くまでの距離は，一つ前に出た波よりも少し長くなります．すると，波の頂点が到着する時刻は前の波から

図3　ドップラー効果：光源が観測者に接近してくると，波頭は時間的に押し込められて到着し，波長は短くなります（青方偏移）．光源が遠ざかると波頭は時間的に引き離されて到着し，波長が短くなります（赤方偏移）．

第1章　科学と星々　　7

の予想時刻より少し遅れます．これは波長（λ）が延び，振動数（ν）が低下することを意味します．波の速度 $c=\lambda\cdot\nu$ は一定値です．光の波の場合，波長が長くなるとはスペクトルの赤いほうへ少しずれることです．また，音の波では波長が延びるとは低音になることです．ヴァイオリンとダブルベースを比べるとわかるように，大きな楽器は低い音を出します．逆に，物体が接近してくるときには波の頂点は物体が静止しているときと比べるとやや早めに到着し，私たちが測る波長は，光ならば青方偏移，音ならばピッチが高く聞こえます．警察のパトカーがサイレンを鳴らしながらあなたのすぐ横を突っ走っていくときには，ドップラー効果を容易に体験することができます．あなたの横をパトカーが通り過ぎる直前から，遠ざかりはじめるときまでの短時間に，サイレンが低音に変化することがわかります．ドップラー効果による波長の変化をドップラーシフトといいます．

　ドップラー効果を星のスペクトルに応用すると，星が私たちから遠ざかっていくのか，近づいてくるのかがわかります．私たちから見て横向きの運動に対してドップラーシフトはありません．このように赤方偏移や青方偏移は速度の視線方向成分のみを示すのです．ドップラーシフトと速度との関係は単純です：波長が変化する割合は速度 v と光速 c の比に等しい．これを数学的な式で表すと，$\Delta\lambda/\lambda=v/c$，ここで $\Delta\lambda$ は波長変化です．ですから，天体からのスペクトル線のすべてが実験室で測った波長より1％長かったら，これらの吸収線を示す星は光速の1％，つまり毎秒3000キロメート

ルの速度で私たちから遠ざかっているに違いないのです．ふつうの星ではドップラーシフトと速度はこれよりずっと小さく，したがって波長を精密に測ることが重要です．

　これらすべてからどうやって星の質量を得るのでしょう？
　天文学者たちは万有引力に引かれてたがいに回り合う星のペアをいくつも知っています．運動の法則から二つの星の軌道は一つの平面内にあります．星がその軌道に沿って公転するにつれて，その星は私たちに近づいたり離れたりします．それに伴い，星の速度の視線方向成分も増減をくり返します．そのため，二つの星のスペクトル線はそれぞれその平均位置のまわりを前後に揺れるのです（図4）．平均波長自身も実験室で決めた波長からずれていますが，それは連星系の全体が私たちから遠ざかっていったり，近づいてきたりするからです．走っているトラックの荷台の上でぐるぐる回っているメリーゴーラウンドを想像すれば，連星のイメージとしてかなり近いでしょう．最も簡単なケースではこの平均値からのずれの最大値（つまり赤方偏移と青方偏移の最大値）が等しく，これは二つの星がたがいにそれらの質量中心のまわりを円軌道を描いて回っていることを意味します．もしもこの軌道面が私たちの視線方向に対して完全に横向きであった場合には，平均値からのずれの最大値はただちに質量中心のまわりの回転速度を与えます．もしも私たちが例外的なほどに幸運であったなら，連星系の二つの星両方について回転速度を得ることができます．

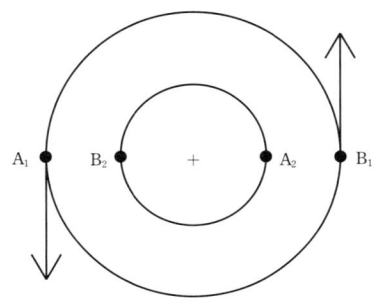

図4 分光連星．万有引力の下で星1と星2はたがいに回り合います．ここではそれを円軌道とします．星1が点 A_1 にいて星2が点 A_2 にいるとき，観測者は星1の青方偏移を観測します．点 B_1 と B_2 では，大きさは同じですが方向は反対の赤方偏移が，この星に対して観測されます．このように，連星系のスペクトルを間隔をおいて何度も観測していくと，連星の片方または両方の星の速度情報を得ることができます．天文学者はそれを用いて星の質量を求めます．

　私たちは，重力がこれらの運動を完全に支配していることを知っています．星たちは円運動の結果，たがいに向かって落ちていくことを避けているのです．二つの物体間の重力はそれらの質量の積に比例し，距離の2乗に反比例します．この法則を用いれば二つの星のそれぞれの質量を計算することができます．この方法，そしてもっと複雑な場合のより洗練された方法が，星の質量を知るための基礎となっています．例外が一つあります．第2章では，太陽の場合に太陽系内のすべての惑星，さらにもっと小さな天体に対する重力効果が

観測できるため，その質量がきわめて正確に測れることを述べます．星の質量は太陽の 1/10〜100 倍程度までの範囲に広がっていることがわかりました．天文学では太陽を質量の単位にするので，星の質量は 0.1〜100 太陽質量に及ぶという表し方をします．

　星が熱くて明るいガス球ならば，当然，それがどのくらい熱いのか，どのくらい明るいのかという疑問が起こります．どのくらい熱いのかという問題は比較的簡単です．物理学が教えるところでは，熱くて不透明な物体が放射する光は，そのスペクトルが表面温度だけで決まります．星が熱くなると，赤い光より青い光が強くなり，星は白く見えるようになるのです．望遠鏡が受ける星の光にフィルターをかけて，まず赤い光をさえぎり，次に青い光をさえぎると，星を青い光で見た明るさと赤い光で見た明るさがわかります．それだけで表面温度についてだいたいのことがわかるのです．その温度は 2500〜30000 度かもっと高温度にまでなっていました．ここで使った「度」はケルビン温度，または絶対温度とよばれる単位系の温度です．第 2 章ではそれがセルシウス温度（摂氏温度）とほとんど同じであることがわかるでしょう．

　星がどのくらい明るいのか，という疑問はかなり難問です．というのは，それに答えるには，星がどのくらい離れているかを知らなければならないからです．星のような球状の物体からの光の強さは，距離の 2 乗で減っていきます．したがって，星までの距離が 2 倍では明るさは 1/4 になり，3 倍

遠ざかると1/9になります．したがって，望遠鏡で測った星の光の強さと星までの距離を組み合わせると，星の本当の明るさが計算できるのです．星までの距離が最初に求められたのは視差とよばれるものからでした（図5）．視差の原理は簡単です．片方の目を閉じてください．腕を半分伸ばし，ドアか窓の縁のような動かないものに合わせて，人差し指を立てます．次に閉じた目を開いて，もう片方を閉じます．す

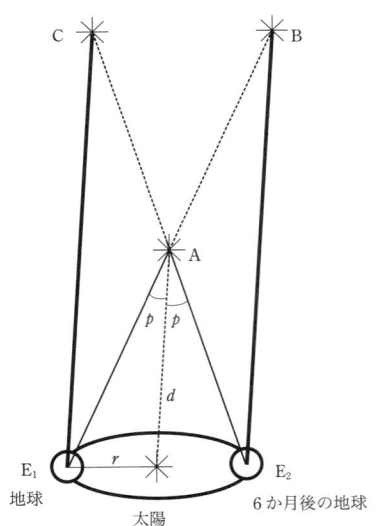

図5 星の視差．最初に，太陽を回る地球の軌道上の点 E_1 から近くにある星Aを観測します．6か月後地球が軌道上反対側の点 E_2 にあるときに，同じ星Aを観測します．遠くにある星BやCに対して，天空上で星Aが動いて見える角度を p とします．この角度は地球の軌道半径 r と星までの距離 d との比で与えられます．半径 r はわかっているので，距離 d を得ることができるのです．

ると，指がドアや窓に対して動いて見えるでしょう．この実験をもう一度繰り返しますが，今度は腕を完全に伸ばしていってください．指が動いて見えるのは同じですが，動きの幅は前の半分になりました．星の視差もこれと同じで，あなたの指が近くにある星，窓やドアの縁はうんと遠くにある星，右と左の目は公転軌道上で6か月離れた地球の位置に当たります．この公転軌道上の2点の間の距離は，地球が太陽のまわりを回る軌道の直径です．この2点から観測すると，太陽近傍の星は遠方の星に対して少し動いて見えるのです．その動きの角度を測り，地球軌道の大きさを知れば，太陽の近くにある星までの距離を計算するのに十分な情報となります．もっと遠い星になるとこの角度が小さくなりすぎ，明らかにこの方法ではうまくいきません．しかし，星の視差法は矛盾なく距離を決めていく方法の第一歩です．距離については第7章でもっと詳しく述べます．

　距離がわかると，望遠鏡が集めた星からの光の強さと組み合わせて，星が放射している光の総量（光度）が求められます．星と中心にして地球を載せた球面を考えると，その面積 S は星までの距離 D の2乗に 4π を掛けた大きな量になります．その面積全体を星からの光が貫いていくのですから，私たちの望遠鏡がその面積 A で受け止める光の量は全体のほんのわずかな部分なのです．私たちの望遠鏡がその面積 A で受け止める光のエネルギーを面積比 $S/A = 4\pi D^2/A$ で補正すると星の光度が得られます．いまや星の半径 R も求められます．なぜなら，熱い物体の光度 L は全表面積（ここで

は$4\pi R^2$)と温度Tの4乗の積に比例する,つまり$L \propto 4\pi R^2 T^4$だからです.温度1万度の星ではこの4乗の項は10^{16},または1の次に0を16個並べた数(1京(けい))です,したがって,もし星の全光度と温度がわかれば星の表面積が計算できます.表面積は半径Rの2乗に4πを掛けた値なので,天文学者たちはいまでは多数の星の半径を知っているのです.星の半径は太陽半径の1/10から,太陽半径の200倍,つまり太陽から地球までの距離くらいまでにわたっています.

 星の化学組成,つまり星の中にある各元素の比率,の問題が分光器からはじまる好調な滑り出しを見せたにもかかわらず,その解決が,星の質量,光度,温度を決める問題よりも延びたのは驚きです.障害となったのは,それぞれの元素がスペクトル線として現れるのには,お気に入りの温度があるということでした.水素線は表面温度が1万度付近の星のスペクトルには非常に強く現れます.しかし,この温度帯を外れると検出することさえ難しくなるのです.たんにスペクトル線がないからといって,そのスペクトル線を生み出す元素まで存在しないということはできません.この謎のような振る舞いの原因は原子の構造にまでさかのぼり,第3章で詳しく述べます.そのため,天文学者たちは長い間,星の中で最も多い元素は何か,という基本的な問題についてさえほとんどわかりませんでした.さまざまなスペクトル線がどこで現れるかについて最新の理論を適用した最初の人物は,1925年ラドクリフ・カレッジ(現在はハーバード大学の一部)博士課程の学生であった英国生まれの若いセシリア・ペインで

した．彼女が発見したのは，ほんの少数の星を除いて星の中で圧倒的に多い元素は水素であり，その次に多いのはヘリウムであると考えると，すべてのスペクトル・データがうまく説明できるということでした．この考えは，星の成分は地球と似ているという当時の正統的な見方と真っ向から対立するものでした．ペインの博士論文を査読したのはプリンストン大学のヘンリー・ノリス・ラッセルでしたが，彼は彼女の結論を論文として公表しないようにと薦めました．彼女の見解が広く受け入れられたのは4年後のことでした．セシリア・ペインはその後，ハーバード大学で最初の女性正教授になりました．

星って単純

20世紀初頭の天文学者は，星が何からできているか，さらには後で述べるようになぜ星が光るのかさえ知りませんでした．そのような知識の欠如にもかかわらず，彼らはかなりの進歩を成しとげました．彼らは合理的な基準で選んだ一連の星について光度Lと表面温度Tを知っていました．そして結局のところ，デンマークの天文学者アイナー・ヘルツシュプルングと先ほど名前の出たヘンリー・ノリス・ラッセルが，それぞれその二つの量の一方を他方に対してプロットするという当たり前のことを行いました．

そうして得られた図はヘルツシュプルング・ラッセル図，またはHR図として知られ，恒星天体物理学で最も重要な図です．歴史的理由により，このグラフでは横軸がふつうとは

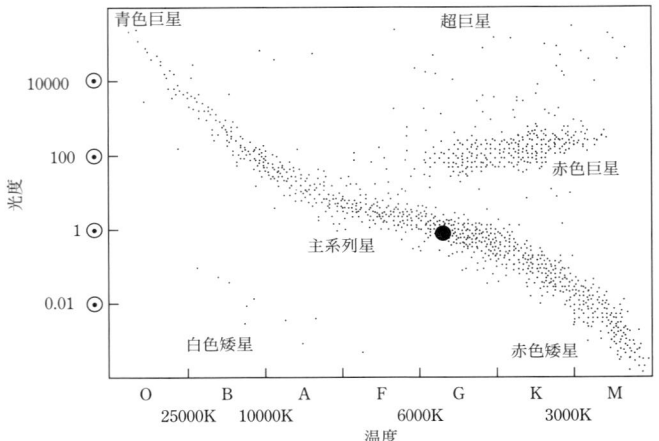

図6 ヘルツシュプルング・ラッセル（HR）図：これは光度を表面温度に対してプロットしたもの．星はこの図上で好き勝手な場所にいるわけではなく，大部分ははっきりとわかる集団をなしています．主系列は中心部のコア（中心核）で水素を燃やしている星からなっています．赤色巨星は水素の中心核燃焼を終えて，中心のコンパクトなコアを囲む燃焼シェルとさらにそれを取り囲み，巨大に膨れ上がったエンベロープ（外層部）を持ちます．白色矮星は赤色巨星がエンベロープと燃焼シェルを失った残りの天体で，小さいが非常に高密度の縮退コアからなっています．黒丸は太陽を示します．

逆向きに目盛られ，右側ほど温度が低くなっています．この図はこの先何度も使用します（図6）．ご覧のように，この図の上で星は好き勝手に散らばっているわけではなく，いくつかのはっきりした区画に集まって現れます．最も星の数が多いのは，図の左上から右下にかけて流れる集団で，主系列とよばれます．この名前は，現在では使われなくなった古い恒星進化理論からきています．実際には星がこの「系列」に

沿って動いていくわけではありません．主系列の傾きは，表面温度が少し変化すると，星の光度が大きく変わることを示しています．光度はだいたい温度の7乗（$L \propto T^7$），で変化するので，温度を2倍にすると光度は100倍以上になります．主系列から分かれて右上には，数はやや少ないのですが，冷たく明るい星たちが枝分かれして延びています．私たちは，いまでは星の光度は面積と温度の4乗との積に比例することを知っていますから（$L \propto 4\pi R^2 T^4$），これらの冷たい星がそんなにも明るいのはその表面積が非常に広い，または同じことですが半径が大きい，以外に考えられません．これらは最大級の星で，半径は地球と太陽の距離，すなわち太陽半径の200倍です．そこで，これらの星を巨星とよび，巨星の系列を巨星枝とよびます．注意してほしいのは，巨大だからといって，巨星が他の小さな半径の星より質量が大きい理由はまったくないということです．あとで見るように，それらは小さな星と似たような質量の星が，たんに広がっているだけなのです．最後に図の左下に，少数の熱いけれど暗い星がいます．これらは非常に小さいに違いありません．その大きさは地球程度で，私たちはそれらを「白色矮星」とよびます．ここでもふたたび，これらが他の星と似たような大きさの質量を持つことがわかります．その半径が小さいのは，非常に高密度なためなのです．

星というものは単純な物体であることが，HR図によってただちにわかります．それらの大部分は，ただ二つの量，光度と表面温度を見るだけでその基本的な性質がわかるので

す．しかし，熱いガス球がこの図の上で三つの集団，主系列星，巨星，白色矮星，のどれかに分類できるのはなぜかを，物理法則を使って説明するのは難しい問題です．これら3種類の星は何らかの点で物理的にはっきり異なるのでしょうか，それともHR図上のさまざまな集団は星の進化の異なる段階を表しているのでしょうか？

　（＊訳注）光線にはさまざまな波長の光が含まれています．光がプリズムで曲げられる角度は波長によって変化します．このため，光線がプリズムを通過し背後の壁に映ると，その中に含まれていたさまざまな波長の光がそれぞれ異なる角度で出てきます．つまり分散されるので，虹色の帯が出現します．このように，帯に沿って異なる波長の光が並んだものをスペクトルとよびます．スペクトルのどこが明るく，どこが暗いかを見れば，光線の中に含まれるある波長の光が強いか弱いかがわかるわけです．実際のスペクトルではしばしば，特定の箇所がシャープに明るく輝いています．それは図1（p.5）の右上に見えるように，スペクトル上の明るい線として見えるのでスペクトル輝線とよばれます．逆に，図1右下に見えるようにスペクトル上で暗い線となっている場合もあり，スペクトル暗線とよばれます．スペクトル輝線とスペクトル暗線を合わせてスペクトル線とよびます．暗線はその波長の光が弱いことを意味し，これは光線にもともと含まれていたその波長の光が途中で吸収されたためと考えて，暗線をスペクトル吸収線とよぶこともあります．

第2章
太陽の生き方

重力と太陽

　太陽は私たちに最も近い星です．人間の歴史を通じて，私たちはこれまで太陽についてたくさんのことを学んできました．また，星についてもだいたいのことは知られています．しかし，以下の二つの事柄はあまりに当たり前に見えて，私たちが疑問に思うことすらほとんどありません．一つ目は，太陽が膨大なエネルギーを宇宙空間に放射しており，そのほんの一部を地球が受け止めることで，私たちは恩恵を受けているということです．二つ目は，太陽の重力が，地球が太陽のまわりを1年に1周する軌道に地球をつなぎ止めているということです．これら二つの事柄は，じつは私たちの生存にとって，たいへん重要なことです．ごくわずかな例外を除いて，地球上の動植物のすべては太陽に直接依存しながら生きています．食物連鎖で伝わるエネルギーの流れは，太陽光を受けて植物が光合成を行うところからはじまっています．私たちが燃料を燃やすときには，もともとは太陽から来て，燃料に蓄えられていたエネルギーを解放しています．また，水力発電が可能なのは，太陽光が水を蒸発させ，それがやがて

大気上空から雨や雪として降ってくるからです．生命が地上で生きていられるのは太陽が地表を暖め，大気が温度をほぼ一定に保ち，水分を地上のあらゆる場所へと運んでくれるからです．

　じつは，この太陽から来るエネルギーは多くても少なくてもいけません．もし地球の公転半径が現在よりも太陽にもう少し近かったなら（金星のように），地球は生命には熱すぎる惑星となったでしょう．逆にもし公転半径がもう少し遠かったなら（火星のように），寒すぎたでしょう．同じことですが，太陽の温度が現在よりもほんの少しだけ高かったり低かったら，地上に生命が誕生することはなかったでしょう．物事は微妙なバランスのうえに成り立っており，太陽から地球に届くエネルギー放射量がほんの少し変化するだけで，地球上の生命は絶滅してしまうでしょう．ですから，太陽が出すエネルギー放射量が安定していることが，地球上の生命にとって非常に大事なのです．

　実際，さまざまな観測的証拠から，地球に存在する最も古い鉱石の年齢とほぼ同程度，およそ40億年前からずっと，地球上に何らかの生命が存在してきたことがわかっています．この事実は，太陽のエネルギー放出量，つまり太陽光度が，宇宙年齢のおよそ半分に匹敵するような非常に長期間にわたってほぼ一定であったということを意味しています．ですから，太陽は極端なほどに安定な天体であると推測できます．このことから，もっと多くのことがいえます．長期間に

わたって太陽が変化を起こさずにいるには,こうでなければならないという事柄がたくさんあるのです.例えば,太陽の内部ではたらいているすべての力はほとんど完全につり合っている必要があります.もし一つでも不つり合いな力があると,それが圧倒的な影響を持つことになって,太陽は今日私たちが知っている姿をしておらず,これほど長い間生命が保たれることもなかったでしょう.

太陽にはたらいている最も明白な力は重力です.重力はすべての物体の間にはたらきます.地球の重力が私たちの体や身のまわりの物を引っ張るため,私たちはそれを重さと感じます.本書の後半で紹介する他の基本的な力と比べると,重力は非常に弱い力です.こういうと,長い階段を上るときの苦労を思い出してあなたは変だと思うかもしれません.しかし,こう考えてみてください.私たちの体を引っ張る地球の力に私たちの筋肉が打ち勝てるおかげで,私たちは立っていられるし,地上を動くことができるのです.重力が弱いことは生命にとって重要です.もし重力が他の基本的な力と同程度に強かったなら,私たちの身のまわりの物がたがいに強く引きつけ合って困ったことになりますが,例えば,あなたの手とこの本の間にはたらく引力は(幸運にも)完全に無視できるほどに弱いですよね.

では,重力がそんなに弱いなら,なぜそんなに重力にこだわる必要があるのでしょう? じつは,驚くべきことに重力は宇宙を形づくるうえで最も重要な力なのです.このあとで

述べる重力の二つの性質によって，大きな距離の世界ではこの力が他の力を圧倒するようになります．それらの性質のために，重力が基本的には弱い力であるにもかかわらず，太陽の引力が惑星をその軌道に沿って運行させる力の源になるのです．太陽系内の惑星はすべて完全に太陽の重力の指揮の下に運動しています．惑星の運動を調べた結果，太陽の質量はおよそ 2×10^{30} キログラム（または 2×10^{27} トン）ということがわかりました．じつに地球の30万倍も重い計算になります．

　さて，遠距離に対して重力が他の力を凌駕するために必要な，重力の二つの性質とは何でしょうか？　第一の性質は，重力は引力であって反発力ではないということです．これは二つの電荷の間にはたらく電気力とは大違いです．静電気力は，電荷の一方が負，もう一方が正の場合は強い引力になりますが，両方とも負または正であった場合，同じ強さの反発力となります．ですから，正と負の電荷が入り交じった状態では，引力と反発力がたがいに打ち消し合ってしまうのです．もし正と負の電荷の量がつり合っていなかったらどうでしょうか？　皮肉なことに静電気力は自らの強さの犠牲となります．つまり，正負どちらかの電荷を持った物体はその電荷を中和しようとし，実際問題としては電気力による相互作用はとても弱くなります．例えば，ある物体が負の電荷より正の電荷をより多く持っているとしましょう．全体では正に帯電していることになりますから，その物体は近くに存在する正電荷を強くはねのけ，負電荷を強く引きつけます．二つの電荷の間にはたらく電気力が強いので，これを中和しよう

とするプロセスを抑えることはできません．例えば，重力はこのプロセスに対してはまったく無力です．正に帯電していたその物体表面に負電荷がついていくにつれ，全体として中和された状態に向かってしまうのです．

　あなたは，もしここで考えている物体が星であるとしたら「近くの電荷」はどこからやってくるのだろう，と疑問に思うかもしれません．太陽のように宇宙に存在する天体は，完全な真空に近い空間に存在しているのではないでしょうか？しかし，宇宙には正と負に帯電した粒子が，きっちり同数存在しているようなのです．そのため，多数の正電荷の集団を負電荷の集団から分離させるのはとても難しいのです．正と負，二つの電荷集団をつくったとしても，今度は自身の強い反発力でそれぞれが散らばろうとするので，なおさらたいへんです．ですから，ある物体を帯電させたかったら，少数の電荷をその物体から取り除いて，どうにかしてその少数の電荷がその物体に戻って中和しようとするのを妨げる必要があります．これはとても難しいので，大きな物体では正電荷と負電荷の数が同数になりがちです．それぞれが同数の正と負の電荷を持つこのような物体二つの間にはたらく電気力は，引力と斥力の無数のペアからなっていて，総計するとゼロになってしまいます．この打ち消し合いが起こるのは，電気力がとても強いからです．あまりに強いため，電荷が動いて打ち消し合うのを他の力では止められないのです．

　しかし，重力は電気力とは違います．重力はいつも引力

で，その強さは二つの物体の質量を掛け算したものになります．つまり，質量が2キログラムと3キログラムの物体があれば，質量が1キログラムの物体二つの間にはたらく力の2×3＝6倍の強さになり，10キログラムと100キログラムの物体であれば，10×100＝1000倍の強さになります．もちろんそれでもこの力は非常に弱いので，精巧な実験装置を用いてしか測定できません．それでも，質量が増えるにつれ重力で引きつけ合う力は強くなっていきます．

前に，重力には二つの性質があると述べました．その一つは，いままで調べてきた重力はつねに引力であるという性質でした．次に第二の性質に移りましょう．それは，重力は引きつけ合う物体間の距離が離れるにつれて弱くなるのですが，この弱くなり方が比較的ゆっくりしているということです．重力は距離の2乗に反比例して弱くなっていきます．つまり，二つの物体の距離が2倍になったら，その間にはたらく重力は $(1/2)\times(1/2)=1/4$ 倍になるし，3倍になったら $(1/3)\times(1/3)=1/9$ 倍になるといった具合です．本書の後半で紹介する他の力は，この逆2乗則よりももっと早く減衰してしまうので，原子核のような非常に小さいスケールを議論するとき以外は無視することができます．重力の場合，力の弱くなり方がゆっくりしているので，遠方の物体にまで実質的な作用を及ぼします．このため重力は，遠距離力とよばれます．

重力は引力であり，遠距離力であるという二つのユニーク

な性質を持った力であることがわかったと思います．この性質を持っているために，重力は大きな物体に関しては他の力を圧倒し，天文学でいちばん重要な力となっています．太り過ぎの人は大きな体重に関連した多くの問題を抱えていますが，あらゆる天体にも「体重問題」が存在し，星にとってくに重要です．つまり，重力とバランスを取る何らかの方法を見出さなければならず，もしそれに失敗すると自分自身の重さのためつぶれてしまうのです．太陽はとても重いので，太陽にとっては大きな問題です．惑星の運動は，太陽の引力が遠距離においてさえも，強いことを告げています．しかし，重力は太陽の内部においてもはたらいており，内部の各個所は太陽内部の他のすべての部分と引きつけ合っています．太陽内部の各部分は，惑星に比べればたがいにとても近い距離にありますから，引力はさらにずっと強くなります（前述のように，力の強さは距離の2乗に反比例しているからです）．太陽はほぼ完全な球形なので，内側の重力がたがいに引きつけ合う力を総合すると，中心に向かって太陽をうちへうちへと縮めようとする力となります．太陽の表面でさえこの力は地球の重力の10倍以上もありますから，もしあなたが太陽表面に立つと，体重が10倍になったと感じるでしょう．太陽内部へと進むとこの力はさらに強くなっていくでしょう．ですから，太陽では何らかの力がこの重力を押し戻しているはずです．もしそうでなければ，自己重力で内側に向かってつぶれてしまうからです．もしこの崩壊が起こるとすると，それはきわめて短時間で進行するでしょう．その場合，太陽の半径はわずか1時間程度の間に非常に小さくな

り，形も大きく変わってしまうはずです．しかし，そのような変化はまったく生じていません．また，地球上の生命を育んできた過去 40 億年の間，そんなことが起こらなかったのもほぼ確実です．

　さて，ここで重要な疑問が浮かび上がります．いったいどのような力が，太陽が内側に向かってつぶれるのを押しとどめているのでしょうか？　私たちは太陽がガスでできていることを知っています．これは第 1 章で議論したように，キルヒホフとブンゼンによりはじめて指摘されたことで，いまでは太陽の表面が波打つ様子を動画で見ることさえもできます．あらゆるガスが持つ特性の一つは圧力です．このことから，ガスの圧力が太陽をその重さに負けずに支えているのではないかと想像されます．

　圧力は日常生活でもおなじみの力ですが，この圧力は太陽にとってどのような意味があるのでしょうか？　ガスの圧力は，ガスを構成している粒子，つまり分子または原子がたがいに動き回ることから生じます．この粒子の運動はガスの温度に直接に依存しており，ガスが高温であればあるほど，粒子は速く動いています．圧力の源であるガス粒子の運動は，一方向にそろって流れるような整然としたものではなく，個々の粒子はカオス的に（てんでばらばらに）動いています．実際，ガスという言葉は，17 世紀にフランドルの化学者であるヨハネス・ファン・ヘルモントがギリシャ語のカオスから取ってつくったものです（ややこしいことに，ギリシ

ャ語のカオスは「何もない空っぽの空間」を意味する言葉なのですが），このカオス的な動きによって粒子はたがいに衝突し合い，力（電気的な力）をやり取りしています．圧力は粒子が単位体積あたりにいくつ存在しているか（ガス密度 ρ），と粒子がどれだけ速く動いているか（ガス温度 T）の二つに依存しています．温度を測る目盛りとして，ガス粒子のカオス的運動がいっさいなくなった状態を 0 度としましょう．これがいわゆる絶対温度系で，摂氏温度に 273 度を足した値になります．したがって，摂氏 20 度は絶対温度で 293 度，または 293 K になります．この K はスコットランドの物理学者で絶対温度を最初に定義したケルビン卿の頭文字 K からきています．太陽を構成しているガスでは，圧力は単純にこれら密度と温度という二つの物理量を掛けて，さらにある定数を掛けて得られます．つまり，$P \propto \rho T$ です．この関係は理想気体の法則とよばれ，温度が一定のとき，圧力と体積を掛けた量は変化しないというボイルの法則と，圧力の等しい一定量のガスの体積は絶対温度に比例するというシャルルの法則の両方が取り入れられています．

しかし，圧力それ自体では重力を支えるのに十分ではありません．太陽内部のどこでも圧力は同じであると想像してみてください．粒子はあっち向きにぶつかったり，こっち向きにぶつかったりします．衝突で受けた力は，すぐに反対向きの衝突で打ち消されてしまいます．これでは，太陽が自分自身の重力を支える役に立ちません．太陽中心からガスを外側に押しやる力を生み出すためには，この圧力の打ち消し合い

を起こらなくする必要があります．もし重力が引きつける方向に沿って圧力も強くなっていくならば，つまり中心方向に圧力が強まっていくならば，自己重力に打ち勝って太陽を支える力のもっともらしい候補となり得ます．太陽内部に潜っていくにつれ，それより上にあるガスの重みは大きくなっていきます．海に深く潜るほど水圧が強くなるように，太陽内部に潜っていくほど圧力が強くなっていけば，太陽は力学的なつり合いが保てるはずです．つまり，太陽の中心の圧力は，太陽全体に 2×10^{27} トンの重さが内側に向けて及ぼす力に対処できなくてはなりません．

その力に対抗する圧力は非常に強くなければなりません．では，何がそのような強い圧力を生み出すのでしょうか？前の議論で，圧力は密度と温度を掛け合わせて得られることを学びました．つまり，非常に強い圧力を生み出すには，太陽の中心で密度と温度の両方または片方が非常に高くなければなりません．実際には高密度はあまり助けにならないことがわかります．なぜなら，密度の濃いガスが重力が強い中心部近くに存在すると重量が増してしまうからです．ガスの圧力の源はガス粒子の運動で，その運動は絶対温度で決まっています．太陽中心のガス粒子には，太陽表面のガス粒子よりも速いスピードで動いてほしいのです．つまり，太陽がつぶれてしまわないのは，中心温度が高いからなのです．

中心温度，そしてそれが意味する中心圧力こそが，自身の質量が生み出す重力と対抗して，太陽を現在のサイズに支え

ているのです．したがって，直感的に，中心温度は太陽のサイズと質量で決まっているのではないかと推測できます．この中心温度でガス粒子が持つ平均エネルギーは，それらが他のガス粒子といっさい衝突しなければ，中心から太陽の表面までたどり着いて，なおかつ表面重力と競い合う大きさが残っているほどのものと考えられます．例えば，それらガス粒子は中心から表面までの距離，つまり太陽半径の距離まで達するような軌道に沿って動いていくことができます．このような軌道で運動する物体は，太陽の質量 M を半径 R で割って，平方根をとった数に比例する速度 v で運動します（G を重力定数として，$v=\sqrt{GM/R}$．したがって，質量が大きくなるほど，運動速度は大きくなり，また，半径が大きくなるほど，運動速度は小さくなります．中心温度 T^* がこの速度を決定しているので，速度と同じように，中心温度 T^* も質量と半径で記述できるはずです（しかし，温度の場合は平方根がいらず，$T^* \propto v^2 \propto GM/R$ です）．

　これで，太陽の質量と半径の知識を活かして，私たちは太陽の中心温度 T^* をおおざっぱに見積もることができます．見積もりの結果出てくる中心温度は非常に高く，およそ 1000 万 K ほどになります．この温度は，太陽の表面温度であるおよそ 6000 K よりもはるかに高い温度です．後ほど，中心温度の正確な値が，非常に重要であることについて触れます．

エネルギーと進化

　知られている地球の年齢だけから，太陽はとても長い間安定であった必要があることを議論しました．太陽の中心温度は高く，重力の力に逆らって安定化を達成しているので，1時間程度の短時間のうちに太陽がつぶれる危険性はないと確信できます．しかし，それだけでは太陽に長い安定した一生を保証するのに十分ではありません．なぜなら，太陽には明らかな特徴，つまり放射により宇宙空間にエネルギーを失っているという性質があるからです．この失っているエネルギーが膨大であることはご存じでしょうか．私たちがよほど変な場所にいるのでなければ，地球大気のいちばん上に届く太陽からのエネルギー量は，太陽が他のあらゆる方向に放射しているエネルギー量の典型的な値だと思って差し支えないでしょう．地球大気のいちばん上といったのは，地球大気による吸収の影響がない場所で太陽放射光の強さを測るという意味からです．それは1平方メートルあたり1.4キロワットです．地上で私たちが受ける平均エネルギーはこのわずか1/4です．これは，幸いにも，太陽に面した側の地球表面が受ける放射エネルギーが，大気によって地球の全表面に拡散されるからです．つまり，同じ半径rを持つ球と平らな円盤の表面積はそれぞれ$4\pi r^2$とπr^2で，球の表面積のほうが4倍大きいのです．太陽が放射している全エネルギーを計算することができて，それには，この1平方メートルあたり1.4キロワットに，太陽を中心として，太陽と私たちがいる地球の間の距離Dを半径とする球の表面積を掛ければよいのです．この距離はだいたい150万キロメートル，つまり1.5×10^{11}

メートルなので，太陽が放射している全エネルギーを計算すると，$1400 \times 4\pi D^2 = 1400 \times 4\pi \times (1.5 \times 10^{11})^2$ ワット，つまり 3.8×10^{26} ワットという膨大な大きさになります．

エネルギーは保存されるので，この膨大なエネルギー放出を生み出すには，太陽内部で何かが変化しているに違いありません．19世紀に，この問題にそれぞれ独立してはじめて取り組んだ2人の物理学者がいます．1人はケルビンで（前に出てきましたね），もう1人はヘルマン・フォン・ヘルムホルツです．彼らを含む何人かの物理学者たちが，エネルギーはつねに保存されることをはじめて認識しました．ヘルムホルツは，筋肉代謝を医学的に研究している初期段階でこのエネルギー保存則にたどり着き，当時一般的にいわれていた，生命力が生物を動かしているという考えはナンセンスであると確信しました．動物が消費するエネルギーは，動物が消化した食べ物のエネルギーと単純に等しいのです．

これを太陽に当てはめると，太陽が光り輝くにつれて消費されて減っていくエネルギーに蓄えがあることを，エネルギー保存則は意味しています．太陽は内部時計を持っています．蓄えていたエネルギーが減るにつれて，太陽は進化するのです．いまここに，私たちは，星の進化という概念にはじめて出会いました．星の進化は，本書の主題になっています．星にも寿命があり，それは有限です．では，星はどのくらい長く生きるのでしょうか，とくに太陽の寿命はどれくらいでしょう？　これは日常生活でもよくある類の問題です．

例えば私の事業が赤字として，あとどれくらいで破産するのでしょう？　もちろん，それは貯金がいくらあるかに依存します．太陽の場合では，どれくらいエネルギーを蓄えているかが問題です．ですから，太陽を，もっと一般的には，星を光り輝かせているエネルギー源について考えてみなければいけません．太陽のエネルギー貯蔵庫は，太陽がなぜ輝いているのかを考えると明らかです．太陽は熱いのです．地球の年齢ぐらいの非常に長い時間をかけて，太陽はたんに穏やかに冷えてきただけではないのでしょうか？　驚くべきことに，答えは「ノー」です．なぜなら，太陽は冷えないのです．

こんな奇妙な答えになる理由は，日々の経験からは想像することはできません．やかん，暖炉，車のエンジンのような，私たちがよく知る熱い物体は，その構造を大きく変えることなく，周囲の温度と同じになるまで冷えていきます．しかし，太陽は違います．太陽は自己重力に対抗して自分自身を支えなければなりません．そして，太陽が持つ熱エネルギー量はそのことと直接的に関係します．これが太陽が熱い理由です．

太陽の中心温度は，太陽の質量と半径の比に比例することを導きました（$T^* \propto GM/R$）．さて，あなたは太陽を冷やすには中心温度を下げればよいという単純な考えに問題があることに気がつきはじめたでしょうか？　それは質量と半径の比を下げることを意味します．太陽の質量が，太陽が冷えるにつれて著しく変化することは考えにくいので，太陽の中心

温度を下げるには半径を大きくする必要があります．つまり，太陽のすべての部分が少し外側に向かって動かなくてはなりません．これは私たちの予想とは完全に逆です．結局のところ，太陽はその中心が熱いことで自分の重さでつぶれることを食い止めているのに，冷えるにつれ膨れ上がるとは！この考え方には明らかに何か間違いがありそうです．

　上の間違いは，太陽の熱エネルギーをもう一つのエネルギー貯蔵庫である重力エネルギーから切り離して考えたことに原因があります．明らかに重力はエネルギー源の一つであり，ガス圧の抵抗がなければ，太陽ガス全体は内側に向かって高速で落下してしまうでしょう．ですから，熱と重力は両方ともエネルギー源の候補であり，太陽を平衡状態に保つためにはその二つが関連している必要があるのです．太陽が冷えようとするとき，これら二つの形態の間でエネルギーがやり取りされ，太陽を安定に保ちます．そのため，前段で推測したような奇妙な事態は起こらないのです．太陽の中心部は，中心部のガス粒子が重力に打ち勝つエネルギーを持つほどに熱くなければならないと前に述べました．こうして，どこまでも太陽を縮ませようとする重力に逆らって，ガス粒子は太陽を一定の大きさの天体に保たせています．しかし，明らかに（そして幸運にも），太陽内部の熱エネルギーは，太陽を宇宙空間いっぱいに広げてまとまった一つの天体とは認識できないほどまでに破壊するには十分ではありません．太陽は重力によって束縛されています．つまり，熱エネルギーは膨大ではあるものの，太陽を重力の束縛を振りほどいて解

放するほどには強くないのです．

　それはつまり，（太陽のように）圧力が重力とつり合っているどんなシステムでも，現実の総熱エネルギー（T）は，必ずそのシステムをバラバラにするのに必要な熱エネルギー（U）よりは少し小さいことを意味しています．重力による束縛のエネルギーを重力エネルギーとよび，Vで表します．熱エネルギーはどんどん広がっていこうとするエネルギーでTは正の値をとりますが，重力エネルギーはたがいに引きつけ合い，縮まろうとするエネルギーなのでVは負の値です．システムをばらばらにするには重力エネルギーの束縛を相殺する必要がありますから，$V=-U$であることがわかります．もしTがU以上なら熱運動が重力の束縛に打ち勝ってシステムをばらばらにしてしまうことが可能です．しかし，現実の星が安定な状態でいるという事実は，TがUには及ばないことを示しています．つまり，熱エネルギーと重力エネルギーはたがいにほどほどの関係にあるのです．力学の式を用いてこの関係を計算した結果，Tは，Uのちょうど半分であることが判明しています．つまり$2T+V=0$，または$V=-2T$となります．重力エネルギーが負であることをイメージするため，銀行口座が赤字の状態と同じように考えてみてください．借金を返済するにはお金を銀行に返済しなければなりません．同様に，星が重力に抗してすべてのガスを無限遠に散らすためにはエネルギーを供給しなくてはならないのです．そういうわけで，星の総エネルギーE（熱エネルギーと重力エネルギーを足したもの）は$E=T+V=-T$です．つまり，

総エネルギーの大きさは熱エネルギーにマイナス記号をつけたもので，負の値になります．これは，星は重力的に束縛された物体であることを，エネルギーの立場から表現しているとみなせます．

　これまでは，システムが安定で変化がない場合を考えていました．システムがゆっくり変化する場合でも，変化のスピードがゆっくりしており，圧力が重力とつり合っていると考えられれば，熱エネルギーと重力エネルギーの比は $T:V = 1:-2$ になります．では，もし太陽がゆっくりほんの少しだけ縮んだら何が起こるでしょうか？　明らかに，太陽を構成する原子はたがいに近づくことになります．すると重力は太陽のガスに強くはたらくようになり，V はさらにマイナスになります．その結果，太陽をバラバラにするのに必要な U が増えます．T はこの増えたエネルギーのちょうど半分だけ増えなければなりません．これは別に驚くことではありません．縮むことで太陽は重力エネルギーのいくぶんかを解放したので，解放されたエネルギーの半分が熱になったのです．では，残りの半分はどこに行ったのでしょう？　私たちは重力と熱のエネルギーが太陽のおもなエネルギー貯蔵庫であると仮定し，すでにそれらの二つのエネルギー変化は考えてしまいました．したがって，この超過エネルギーは太陽から完全に出ていかなければなりません．言い換えると，太陽が冷えるには超過エネルギーが太陽から放射されなくてはなりません．先ほどの銀行口座の例で考えると，赤字の口座 V にさらに借金をして資金 U をひねり出すのですが，運転資金

T は U の半分で済むので，資金の増加分のうち半分は散財してしまうのです．この考え方では，冷えること，縮むこと，温度が上がることが同時に進行します．つまり，太陽が冷えようとすると内部の温度は上がるのです．前に述べたように，太陽は冷えることができないのです．これは星の総エネルギーが熱エネルギーにマイナスをつけた場合と同じである結論づけることにほかなりません．$E = -T$ なので，（放射によって）星がエネルギーを失えば，E はさらにマイナスになり，T はよりプラスになるので，結果としてエネルギーを失うと星の温度が上がるのです．

この異常な振る舞いは，太陽が完全に重力的に束縛されているシステムであるために生じたものです．つまり，熱によって生み出された圧力が太陽を重力に逆らって支えてはいるが，その熱は太陽をバラバラにするほどには十分ではないということです．同じことが，（太陽のまわりの惑星のように）小質量の物体が大質量の物体のまわりを公転しているような簡単なシステムでも起こります．そこで成り立っている平衡状態は太陽内部で起こっていることと似ています．重力が中心力となり惑星を公転軌道にとどめています．要するに遠心力とつり合っているわけです．この単純なシステムは，重力に束縛されているシステムの別の例として考えることができます．ここで熱エネルギーに対応するのは公転する物体の運動エネルギーで，前述と同じく，大質量の物体が及ぼす重力を逃れて飛び出していくのに必要な運動エネルギーのちょうど半分になります．惑星を内側に動かし，主星から近い軌道

にすることでこのシステムからエネルギーを奪うと（つまり，冷やすと），重力は強くなり，それとバランスをとるために惑星の公転速度が上がらなくてはいけません（つまり，温度が上がります）．したがって，前述と同じく，システムを冷やそうとすると，実際は加熱することになるのです．

　星が冷えようとすると熱くなるという結果は，星がなぜ進化するのかを理解するうえでとても重要です．星が進化しなかったら宇宙のどこにも生命は存在できないので，ある意味では私たち人類がなぜ存在するかという問いの根本でもあります．あいにくと，この重要な結果，$E = -T = V/2$，にはかなり専門的な名前がついており，ビリアル定理といいます．ビリアル（virial）という言葉（19世紀のドイツの物理学者ルドルフ・クラウジウスがつくりました）は，ラテン語の *vis* からきており，*vis* は力やエネルギーを意味します．星の一生はこの定理の束縛から逃れようとする試みということもできます．ビリアル定理の束縛は強く，星の内部は時折否応なく縮んで温度が上がり，星全体の構造が再構成されます．星の一生が終わるのは，内部条件がビリアル定理の適応範囲外へと逸脱して，もはや進化を強要されなくなったときなのです．

　明らかに，太陽が光るために内部の熱を使うことは暴走プロセスであり，歯止めが効きません．仮に太陽がゆっくり縮んで放射を出したとしても，太陽の内部は熱くなってより多くの熱エネルギーを失い，そのプロセスを強めます．資金が

なくなっていく事業の例えを続けるなら，受け取るお金よりも支払うお金のほうが多くなれば，破産するのが早まりますし，ギャンブラーが負けを何とか取り返そうとしてどんどん掛け金を大きくしていくことにも似ています．この種の正のフィードバックには，明らかにタイムリミットが存在します．事業やギャンブラーは私たちが心配するよりも早く倒産や破産をしてしまいますし，私たちが考えるよりも早く太陽はもはや地球上の生命を支えられない何か別の天体に変身してしまいます．このタイムリミットを見積もることができます．太陽の総熱エネルギーを，太陽が宇宙空間に放出する単位時間あたりのエネルギーで割ればよいのです．この種のタイムスケールは星の研究にはよく現れ，星の熱的タイムスケール，またはケルビン-ヘルムホルツのタイムスケールとよばれます．太陽の熱的タイムスケールを計算するには，太陽の総熱エネルギーを見積もる必要があります．

　あなたは，太陽の総熱エネルギーを見積もるには，太陽内部の詳細をすべて知らないといけないのではないか，しかも太陽が熱エネルギーを失うにつれてそれらがどう変化するのかまで知らなければいけないのではないか，と思うかもしれません．明らかにそれは一大事業です．太陽の物理を記述するややこしい式を使ってモデルを組み上げ，そしてプログラムを書いて計算機を使って解かなければいけません．経験を積んだ科学者が取り組んだとしても，数か月かかる仕事になるでしょう．しかし，熱的タイムスケールを高い精度で知る必要はなく，地球年齢と比べられる程度でよいので，こうい

う難しい事柄を棚上げすることができます．つまり，熱的タイムスケールのおおざっぱな見積もりさえできればよいとするのです．おおざっぱに見積もった熱的タイムスケールが地球年齢（40億歳とちょっと）よりもずっと短いようであれば，太陽が光り輝くのは熱エネルギーを使ってゆっくりと冷えていくからだ，という考え方はまったく間違っていることになります．実際この考えが誤りであることをこれから見ていきましょう．太陽の総熱エネルギーを見積もるには，ほとんど子どもでも解るような単純な太陽のモデルを使います．つまり，太陽のどの部分でも，中心と同じ値の 10^7 K と考えるのです．もちろんこれは正しくなく，とくに太陽の外側では表面温度である約 6000 K に近いはずなので，大きく違います．しかし，太陽質量の大部分を占め，内部の中間地点にある高密度ガスは中心部と同じくらい熱いだろうということは容易に想像できます．ですから，その仮定を置いても，おそらくそんなにひどい間違いは起こらないでしょう．

この極端に単純なモデルによる計算結果では，太陽の総熱エネルギーは，太陽の総質量（2×10^{27} トン）に，中心温度（10^7 K），さらにある定数（気体定数）を掛けて見積もることができます．すると，太陽の総熱エネルギーはおよそ 2×10^{41} ジュールになります（ジェームズ・ジュールは，マンチェスターのビール醸造業者で，1845年に，熱い物体が一度冷えるごとに，どれくらいのエネルギーが出るかを実験的に測りました．その醸造所は1974年まで独立した企業として存続し，最近再開されました）．熱的タイムスケールを得る

には，この非常に大きな数字を，太陽の明るさ，つまり毎秒放出されるエネルギーで割る必要があります．この明るさを単純に，現在の太陽の光度とします．結局のところ，私たちはこの光度がどれくらいの時間維持されるかを知りたいのです．見積もった総熱エネルギーを太陽の現在の明るさで割ると，熱的タイムスケールとして，およそ $(2\times10^{41})/(3.8\times10^{26}) = 5\times10^{14}$ 秒＝2000万年という値が得られます．言い換えると，太陽の明るさは，このタイムスケールで著しく変化しはじめます．

太陽が均一な球だという，最も単純な理想化に基づいた非常におおざっぱな見積りですが，答えは明白です．2000万年というタイムスケールは，地球が存在した45億年の1/200しかありません．これは，太陽が徐々に冷えていく熱い天体である，という考えが間違っていることを示します．二つのタイムスケールの違いはあまりにも大きく，私たちの太陽の熱エネルギーの見積もりがどんなに悪かろうと，またあるいは光度の見積もりにおいて，私たちが犯した可能性のあるどのような誤りも，私たちの結論をひっくり返すことはありません．

天文学者はこういった類の単純化をした議論をよく行いますし，本書でもこれから多くの例を目にするでしょう．天文学では長さ，質量，時間，などで何桁も異なるスケールが関連する状況を議論することが多く，そのような単純化した議論はとても有効なのです．単純な見積もりを行うことはとて

も重要です．なぜなら，それですべての式を正確に解いて詳細に計算する必要があるのか，またそうする価値はあるのかがすぐにわかるからです．もし太陽のとても詳細なモデルをつくり上げることができたとします．何か月かけてそのモデルをつくり上げたのかわかりませんが，同じ答えにたどり着くはずなのです．熱的タイムスケールと地球の年齢の間の食い違いは，多少違った数字が出てくるかもしれません．例えば，200 倍ではなく 100 倍だとか 1000 倍だとかという具合に．しかし，その程度の違いで，私たちがたどり着いた，熱的タイムスケールは地球年齢に比べてずいぶん小さいという結論が変わることには絶対になりません．したがって，時間をかけて長大な計算をするのは時間と労力のひどい無駄だといえます．長大な計算をしようとする前に単純な見積もりをしてみる必要性は，プリンストン大学の物理学者ジョン・ホイーラーが冗談めかして言った，「答えを知る前に計算をスタートさせるな」という言葉に凝縮されています．

2000 万年というタイムスケールは人類の標準からすればとても長いのですが，決して十分長いというわけではありません．19 世紀においてすら，この見積もりは地球の年齢としては信じられないくらい短いものでした．ケルビンはそうではないと主張しようとしていたようですが．現代の見積もりでは，太陽の熱的タイムスケールと地球年齢の間の食い違いはさらに大きくなります．ですので，自然はこの食い違いを説明する何らかの解決策を持っているに違いなく，私たちはそれを見つけなければなりません．熱的タイムスケールを

計算する際に置いた一つかいくつかの仮定が間違っていたのです．熱エネルギーと重力エネルギーとを関連させたことがその誤りであった可能性はありません．なぜなら，この仮定を捨てると，太陽が1時間程度でつぶれてしまうことになるからです．振り返ると，熱エネルギーを使ってしか放射のエネルギーを賄えないとただ仮定したために，冷えようとする私たちの仮想的太陽はビリアル定理の犠牲になったのです．もし太陽が光り続けるために他のエネルギー源を持っていたとしたら，年齢問題を回避できます．このエネルギー源は，太陽の熱容量よりも100倍以上大きいものでなくてはなりません．

　19世紀当時の物理の知識では，最大級の物体である星が光り続けるための巨大なエネルギー源として，いったい何があり得るのかを説明できませんでした．皮肉にも，その解答には当時考えられていた最も小さい粒子である分子や原子よりも，さらにずっと小さい粒子が関与することが判明しました．この発見がなされるまで，約3/4世紀の月日がかかりました．その重大な影響について次章で議論します．

第3章
表通りの日々

　前章では，太陽を重力に逆らって支えているものは何なのか，という問い掛けからはじまり，太陽がどうしてこれほど長く輝き続けられるのか，という問い掛けで終わりました．原子より大きなスケールを持つ星のすべての物理現象は，重力と電磁気力によって正しく説明することができますが，これら二つの力だけで星を輝き続けさせるエネルギー源は説明できないことはわかっています．この源を探るためには，原子よりさらに小さなスケールの物理現象に目を向けていかなくてはならないのです．

原子と原子核
　原子はすべての物質をつくり上げている粒子です．そのatom（原子）という言葉は，「切断することができない」という意味の古代ギリシャ語に由来しています．ここでいう，「切断する」とは私たちが日常的に経験する力を使って，という意味です．これらの力について，多くの疑問点はありません．原子のスケールでは，重力はあまりにも弱くて，問題にもなりません．そして，私たちが日常生活で経験する他の

すべての力は電磁気力に由来します（このことは，読み進めていくうちに明らかになってきます）．原子は電磁気学的な相互作用をする物質の最小単位といえるのです．

　原子の構造は太陽系をきわめて小さく，電磁気学的にしたものとして考えることができます．正に帯電した原子核が原子の質量の大部分を占め，太陽と同じように中心にあります．負に帯電し，より小さな質量を持つ物質（電子）が太陽のまわりを回る惑星のように原子核のまわりを回っています．中性原子では，原子核の電荷と電子の電荷の総数は等しく，正負が反対で全体として電荷を持っていません．化学元素は，このような電荷を持たない原子における電子の総数（原子番号）で定義されます．この宇宙において，すべての中性水素原子は一つの電子を持っており，すべてのヘリウム原子は二つの電子，炭素原子は六つの電子，窒素は七つ，酸素は八つ，と続きます．その電子の軌道の配列は無原則ではなく，本書の後半で詳細に書かれている明確な物理法則によって決まっています．この軌道の構造が，各元素が持つ線スペクトルの原因です．各軌道はそこに存在する電子が持つエネルギーと厳密に対応します．原子に光が当たる場合を考えると，光を構成する光子の中には，これらの軌道間のエネルギー差と正確に等しいエネルギーを持つものがあります．電子はこれらの光子を吸収し，より高いエネルギーを持つ軌道に移ることができます．ある決まったエネルギーを持つ光子の取り込みというこの現象が，スペクトルの暗線に対応します．より高いエネルギー軌道に移った電子は，いつかはそこ

から落ち光子を再放出します．もし，他に特別なことが何も起こらなければ，この再放出は，キルヒホフとブンゼンがさまざまな元素を熱したときに発見したようなスペクトル輝線をつくり出します．

スペクトル輝線と吸収線の現象は，原子を励起するのにそこにどんなエネルギー源があるのか，に明確に依存します．低温の星の外層には，水素の電子をより高い軌道に持ち上げるだけのエネルギーを持つ光子がほとんどありません．1万度くらいの表面温度を持つ星になると，そのような光子が十分に存在するので，はっきりとした水素の線が見えます．さらに高温の星になると，原子の束縛から電子を完全に自由にできる光子がたくさん存在するようになり，水素の線を生み出す軌道間の移動はまれになります．このようなわけで，星に存在するさまざまな元素がどれくらいあるかを決めるのはとても難しいのです．

原子は全体としては電荷を持ちません．しかし，電子が原子核と正確に同じ場所には重なって存在せず，また静止せずに原子核のまわりの軌道を回っているために，原子同士はたがいに電磁気学的に結合できます．上の二つの効果は，電磁気力的な相殺からわずかなずれを生じさせるため，原子がたがいに結合して分子をつくる現象を可能にします．例えば，ある電子が，一組の原子両方の原子核の周囲を回るようなことも起こるのです．これらの効果から，原子がたがいに結びつくには十分な強い力が生じますが，それは原子数個分より

距離が離れると,まったく無視できるほどになってしまいます.原子間の電磁気力が短い距離にしかはたらかないという性質は私たちにもなじみ深いもので,それは分子間でも同様です.あなたが柱に膝をバンとぶつけたとき,膝の原子と柱の原子との間では,短距離電磁気力がはたらく領域へほんの少しだけ踏み込みます.それだけでも電磁気力がどんなものか,あなたは痛いほどに思い知らされるでしょう.

　このような原子の描像を使って興味深い推論を進めることができます.第一に,化学のすべては原子間の電磁相互作用を研究する科学である,と単純化できます.つまり,化学的現象とは電子が原子同士を結びつけて分子にするときに起こる事象です.結合作用を行う電子は原子核から最も離れた外側にある外殻電子です.原子核のまわりの電子の配列を決める物理法則によると,原子は外殻電子の配列によって「族」に分類されます.外殻電子は元素の化学的性質を決めるので,同じ「族」に属する原子はよく似た化学的性質を持っています.これが元素周期表の起源です.このように,化学は物理の1分野にすぎないともいえます.

　第二に,原子は多くの異なる方法で結合したり反応したりします.化学反応は原子を結びつける電子が再配列されることを意味します.その際に,新しい電子配置が反応前より強くなるなら電磁エネルギーが解放され,弱くなるならエネルギー供給が必要となります.ここで,エネルギーは最終的にはすべて熱のかたちで現れます.そこで,化学者はこれら二

つのタイプの反応を，発熱反応，吸熱反応とよんで区別します．私たちが重力結合エネルギーを測ったときには，天体の各部分を自分自身の重力に逆らってバラバラに散らばせるのに必要なエネルギー総量，としました．それと同じように，分子はそれを結合している軌道電子のエネルギーによって測定される電磁結合エネルギーを持っています．私たちが炎の中で燃料を燃やすときは，燃料中の分子結合電子をより強固な結合配置へと変化させることで，電磁エネルギーを取り出しているのです．その結果生まれた灰に燃料としての価値が低いのは，化学変化によってそれを一層強固な結合分子にするのは困難だからです．

　同じことが，私たちが食物を消化する際にも起こっています．私たちは，食物中の分子の電子軌道を，より強固に結合された軌道に変化させて電磁エネルギーを取り出し，残ったものを廃棄物として排泄しています．もし，この廃棄物を食物に変換するという反対方向の過程がなければ，私たちはすぐに食物を食べ尽くしてしまうことでしょう．この逆過程とは植物の成長です．植物は，日光からエネルギーを吸収し，より強固に結合された廃棄物分子を弱い結合の食物分子に変えます．ここからは，太陽内部でエネルギーを解放している過程も同様に，弱い結合構造から強い結合構造への変化であることを見ていきましょう．ただ，その結合作用には電磁力よりずっと強力な力が使われ，非常に巨大なエネルギーが関与してきます．

より強い結合を持つエネルギーの解放を考え，太陽のエネルギー源を見つけるにはもっと微小な世界に目を向けなければなりません．原子も，およそ1ミリメートルの10^{-7}（1000万分の1），もしくは10^{-10}メートル，と十分に小さいのですが．しかし，これまで見てきたように，電子結合の変化は化学エネルギーの放出をもたらすにすぎず，それでは星にエネルギーを供給するには小さすぎます．ところが，原子のこの小さな空間のほとんどは純粋な真空です．原子のほぼ全質量は原子核が占めていますが，その大きさは信じられないくらい小さく，1ミリメートルの10^{-12}（1/1兆），もしくは10^{-15}メートルです．体積で表すと，原子核は原子の体積のほぼ10^{-15}（1/1000兆）程度を占めるにすぎません．原子核を発見したアーネスト・ラザフォードは，この大きさの差を「大聖堂の中の蠅(はえ)」，という言葉で表現しました．しかし，原子核でさえ私たちが知っている最も小さいものではありません．原子核はより小さな粒子，陽子と中性子，から構成されています．この二つは同程度の質量を持ち，電子のほぼ2000倍です．陽子は電子と反対の正の電荷を持ち，中性子はその名のとおり電荷を持ちません．この性質と，中性子は陽子よりわずかに重いことから，中性子を陽子と電子が結合した何かのように考えることもできます．原子核の中の陽子数は，その元素の原子が中性のときの電子数と正確に等しく，原子番号とも等しくなります．

　最も単純な原子で，最も軽い元素でもある水素には一つの陽子からなり中性子を持たない原子核があり，一つの軌道電

子と電荷を相殺しています．他の元素の原子核は一つ以上の中性子（ヘリウムは二つというように）を持っています．ここで，私たちには気になる一つの問題が見えてきます．すべての陽子は正の電荷を持っていて，たがいに反発するはずです．この反発は極端に強いはずです．なぜならば，原子核は非常に小さく，電荷の反発力は重力のように内側に接近するにつれ距離の2乗分の1で増加していく力だからです．原子核はこの巨大な反発力をどのように抑え込んで，寄り集まった状態でいられるのでしょう．

　答えは，自然界には別の性質の力，「強い核力」が存在し，原子核を分裂させようとする電磁反発力よりはるかに強く，陽子を（中性子も）一緒に結びつけているのです．この力は，原子核の中でのみ作用するような，極端な短距離力に違いなく，それが日常生活でこの力の直接的な影響がない理由となるのでしょう．これが，最終的に私たちが探していた強い相互作用の候補です．この相互作用の結果，ある種の原子核が他に比べてより強く結びつくことは容易に想像できます．もし自然が原子核の中の粒子をさらに結合の強い原子核へと再構成する方法を知っていれば，エネルギーを解放できます．核力は非常に強いため，私たちが分子をより強固な結合構成に変えることから得られるより弱い電磁気反応のみを使う化学的エネルギー放出量に比べて，この核エネルギー発生量がはるかに大きいことは想像できます．いま，「原子核の中の粒子をさらに結合の強い原子核へと再構成する」と，さりげなく述べましたが，仮に想像の段階であるにせよ，こ

れは重要な前進であることに注意してください．原子核を再構成するということは，陽子の数を変え，ある化学元素を他の化学元素に変えることを意味します．ラザフォードの助手であったフレデリック・ソディがはじめてこの可能性に気づいたとき，ただちに得た反応は，「お願いだから，ソディ，それを元素の変換とは言わないでくれ．われわれは錬金術師とよばれ，首をちょん切られるぞ！」

核燃料

　原子核の変換を可能性として受け入れたとしても，それを現実にあり得ると考えるためには，二つの重要な作業を行う必要があります．まず，核変換を通じてエネルギーを解放するにふさわしい候補はどの原子核かを知る必要があります．私たちはこれを化学反応のように実験で決めることはできません．制御された核変換への道は，私たちがすぐあとに出合う理由のため，いまなお遠いからです．しかし，私たちには原子核の結合エネルギーを直接的に計測する何らかの方法が必要です．幸運なことに，これを行うための単純な方法があります．質量（m）とエネルギー（E）は同一の物を別のかたちで表現しただけである，というのは自然の基本法則です．これが，アインシュタインの有名な関係式 $E=mc^2$ の内容です．ここで c は光の速度です．この方程式は彼の相対性理論に由来し，ある物からエネルギー E を取り去るときには E/c^2 の質量が減ることを私たちに教えています．ここで，結合エネルギーの概念を思い出してください．何かあるもの（原子核としましょうか）が強く結合していると，それを引

き離すには弱い結合のときよりも大きなエネルギーを与える必要があります．逆の言い方をすると，原子核の構成要素である陽子と中性子を組み合わせ，それらを強く結合させたときには，ふたたびそれらを引き離すために与えなければならないエネルギーと同量のエネルギーが失われます．アインシュタインの関係式によれば，それはある"質量"が失われたことを意味します．したがって，強く結合した原子核の質量は，それを構成する陽子や中性子の合計質量よりも小さくなります．不足分の質量は結合エネルギーを E として $m=E/c^2$ です．陽子，中性子，そして原子核の質量は直接に実験室で計測し，比較することができます．測定の結果，一つの例を除き他のすべての場合で，原子核は構成要素の陽子と中性子の合計質量より小さな質量を持つことがわかりました．それは強い核力による結合エネルギーが原因なのです．例外となる水素だけは単純に一つの陽子からなる原子核を持つので，質量欠損は測定できないほど小さいものです．なぜならば，原子核をたがいに結合するための強い力が必要ないからです．次に単純な原子核はヘリウムです．これは二つの陽子のほかに二つの中性子を持っています．その質量は，それらの合計質量より約 0.7 ％減少しています．

　ヘリウム原子核の質量が水素原子の質量の 4 倍に近いのはそこに何かあると考えさせます．もし太陽と星が 4 個の水素原子を結合させて 1 個のヘリウム原子をつくる道を見出せたなら，私たちは水素総質量の（0.7 ％）×c^2 というエネルギーが放出されるのを見ることになるでしょう．これはたいした

ことではないように聞こえるかもしれません．しかし，わずか1キログラムの水素がヘリウムに変化することで与えられるエネルギーを考えてみてください．光の速度が大きいので（毎秒3×10^8メートル），1キログラムの水素からは6×10^{14}ジュールという驚愕するほどのエネルギーが放出されるのです．これは，全世界で8分間，もしくはアメリカ合衆国1か国でおよそ30分間に消費するエネルギー量に相当します．

　これと比較すると，石油1キログラムは燃焼により4×10^7ジュールの熱を発生し，1/1000万以下です．これはあまりにも小さく，そのエネルギーを生じる際の質量欠損はもともとの質量の約1/20億程度にすぎません．もちろん，これは測定できないほど小さく，質量欠損測定法でどの化学燃料が最も効率的であるかを予言することはできません．（食物を消化しエネルギーを消費すると，本当は体重が少し軽くなるのですが，その量はがっかりするほど小さいのです！）水素をヘリウムに変えることは，石油を燃やすことに比べて，およそ1500万倍効率的です．これは，強い核力が電磁気力よりずっと強力だからです（悲しいことに，これが熱核兵器が通常の武器より破壊的な理由です）．水素をヘリウムに変換するのは，化学反応である通常の燃焼とは違いますが，外見上は非常に効率的な燃焼のようなので，天文学者はそれを「水素燃焼」とよびます．後に，他の原子核変換も重要であることがわかります．そこで，数個の弱く結合した原子核が合体してより強く結合した一つの原子核へと変換される「核融合」反応を「核燃焼」とよぶことにします．

水素燃焼が太陽にエネルギーを供給するとして，どのくらいの水素がこの「燃焼」過程で使われるかを調べてみましょう．太陽の出力はきわめて安定していて，3.8×10^{26} ワットです．前に求めた水素燃焼の効率，すなわち1キログラムあたり 6×10^{14} ジュールを使い，1ワットは1秒あたり1ジュールであることを考えると，太陽が以下の割合で水素を燃焼していることがわかります．

$$3.8 \times 10^{26} / 6 \times 10^{14} = 6.3 \times 10^{11} \text{ キログラム（1秒あたり）}$$

これはかなりの量に見えますが，太陽の質量（ほとんどは水素）は 2×10^{30} キログラムであることを思い出してください．もしその水素をすべて燃焼することができたならば，現在と同じ明るさで，

$$2 \times 10^{30} / 6.3 \times 10^{11} = 3 \times 10^{18} \text{ 秒} = 10^{11} \text{ 年}$$

の間，輝くことができます（1年間はおよそ3000万秒です）．これは，私たちが知っている地球の年齢，4.5×10^{9} 年より明らかに長い時間です．この期間，現在と同じ明るさで輝いていたとしたら，太陽はこれまでにその水素の約5％をヘリウムに変換したにすぎません．もちろん，この燃焼の結果エネルギーを失うにつれて，太陽の質量は減少していかなければなりません．失われた質量は燃焼した水素質量の0.7％にすぎないので，太陽に対する影響はほとんどありません．太陽の質量の5％の0.7％，または元の質量の1/3000程度を失ったことになります．

以上から，水素燃焼は太陽のエネルギー問題への完璧な答えとなりそうです．でも，この過程が太陽で本当に起こっているということを，どのようにして知ることができるでしょうか．1個のヘリウム原子核をつくるため，4個の水素原子核（陽子）を合体させるには，どのような環境が必要なのでしょうか．すべての莫大なエネルギーの源となる強い核力は，原子核程度の小さな領域でしかはたらかないことを思い出してください．強い核力によって陽子をたがいに合体させるには，この力がはたらくように，陽子同士が原子核の大きさ（10^{-15} メートル）と同じくらいまで接近する必要があります．これが起これば，強い核力が陽子を捕え，ヘリウム原子核へと合体させます．

　しかしながら，私たちがこの力の存在に気づいた理由も，忘れてはいけません．正に帯電した陽子間に存在する電気的な反発力に打ち勝つために，この力が必要とされたのでした．この力は，原子核の内側でちょうどうまくはたらき，その外側には効果が届きません．それで，原子核よりやや大きいくらいの距離になると，もう四つの陽子はそれらを結びつけていた強い力を失い，大きな電気反発力を受けます（図7）．この電磁力は，陽子が結合できるほど接近することを食い止める障壁のように振る舞います．これはゴルフでいうと，マウンド（丘）のちょうど頂上にホール（穴）がある状況と似ています（クレイジーゴルフとよばれるホールには，このようなものが本当にあります）．ボールはマウンドの頂上へ上がってはじめて（電磁障壁に打ち勝って），ホールに

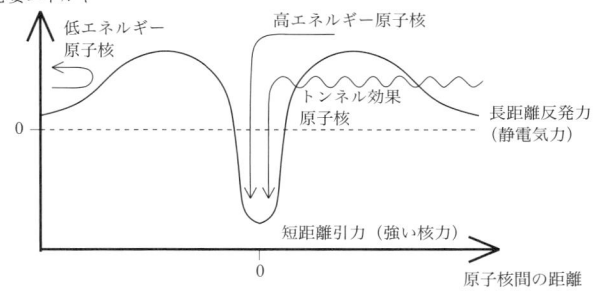

図7 核融合. 正に帯電した原子核は,遠距離では他の原子核と静電気的に反発します(同種電荷同士が反発するように).しかし,もしそれらが融合反応を起こすほど接近できれば強力に引きつけ合います.したがって,接近してくる原子核は,原子核近傍にあるポテンシャルエネルギーが急激に落ち込む負の部分に到達するまでは,そのポテンシャルエネルギー曲線の正の部分の坂を登るのに十分なエネルギーを持っていなくてはなりません.そういうわけで,核融合は原子核に高いエネルギーを要求します.それは現実には高温を意味します.

入れます(強い核力で原子核に捕獲されます).これは,ボールが頂上に上がるよう強く叩かなければならない,言い換えれば,マウンドを登るのに十分なエネルギーをボールに与えなくてはならないことを意味します.ここで,電気反発力は距離の2乗に反比例するので,陽子間の距離が,原子核が形成され得る程度まで,つまり原子核程度の距離まで小さくなった,登りの最後のところが最も困難であるとわかります.それぞれの陽子に必要とされるエネルギーは,おおざっぱには,この力と,この力に逆らって動く距離(ここではふたたび原子核の大きさとしましょう)との積となります.このエネルギーを求めることは簡単で,たがいに反発する電荷

の積をそれらの距離で割ったもので与えられます．水素の燃焼を開始させるためには，星はまずこのエネルギーを供給する必要があります．

　この過程は火をつけることと似ています．発火させるには最初にエネルギーを与えなくてはなりません（例えば，マッチを擦ること）．なぜなら，燃焼の化学反応は温度が十分高くなければ進行しないからです．分子を現状の電子結合から解放し，より強い結合に再構成させるほど十分高い温度です．一度この化学反応がはじまると，それ自身によって，反応を続けさせる熱が生成されます．エネルギーを与えなくてはならないということが火を制御可能にしているのです．つまり，もし燃焼反応がそれを開始するためのエネルギーを必要としないのなら，火がつねに存在することになってしまいます．火と同様に，水素燃焼はそれを開始させるためのエネルギー供給が必要なのです．

着　火

　では，このエネルギーはどこからくるのでしょうか．星の内部で，可能性のあるエネルギー源は一つしかありません．前章で，太陽のような星の中心には，非常に高温な場所があるとわかったことを思い出してください．温度はおよそ1000万 K です．これまで見てきたように，気体の温度は，それを構成する粒子の平均エネルギーを教えてくれます．1000万度であれば，このエネルギーは部屋の温度（およそ300 K）の場合の3万倍に相当します．これは，水素原子の

中の電子と陽子を分離するために必要なエネルギー（原子を「電離する」といいます）の 60 倍以上です．陽子はこの平均エネルギーで自由に動いていることになります．では，このエネルギーは四つの陽子のグループがそれらの電気反発力に打ち勝つのに十分なのでしょうか．全然足りません．これに必要なエネルギーは，何と，約 1000 億 K に相当します．これにはがっかりです．でも，私たちはこれまでに星のエネルギーを与えるには核燃焼がまったくふさわしい特性を持つことを見てきましたから，この考えを少し変えればうまくいくのではないかと問うことにしましょう．とくに，温度は陽子の"平均"エネルギーを表すにすぎません．ことによると，平均エネルギーをはるかに超えるエネルギーを持つ陽子が数個あれば，核燃焼は進行するのでしょうか．熱物理学の古典的な法則は，私たちに 100 個の陽子のうちの約 1 個が，要求されたエネルギーを持っていることを教えてくれます．しかし，ヘリウム原子核をつくるにはこのような陽子が四つ，しかも 1 点に同時に集中する方向に動くことが必要で，これは非常にまれな現象です．前章で，私たちは太陽のような星の中心部における水素密度に対してもっともらしい値を得ました．その値を使って，このまれな現象がどのくらい頻繁に起こるのかを計算し，核エネルギーがどのくらい解放されるのかを見積もることができます．この結果は，太陽の明るさ（光度）を説明するにはあまりにも小さなものでした．それでは，どのようにして，現象は起こるのでしょう？

　20 世紀はじめ頃までに，原子核の発見により，天文学者

たちは水素燃焼が太陽や星への優れたエネルギー源であると考えるようになりました．しかし，彼らは星がどのようにしてこの核燃料に点火しているのかについて，きちんと説明できませんでした．この突破口が開かれたのは1920年代後半で，1900年代の経験的な前期量子論から，私たちが現在用いている現代量子論へという物理学の基本的な転換が原因です．新しい量子力学によれば，私たちが水素合成で直面したようなエネルギーバリアーは絶対的な意味を有しなくなります．日常生活で適用される古典物理学では，ある物体がエネルギーバリアーを乗り越えられるのは，物体のエネルギーがバリアーの高さを超えているときに限ります．クレイジーゴルフのホールに入れようと思ったら，マウンドの頂上まで達するようボールを強く打たなくてはならないのです．原子やそれ以下の大きさの世界に適用される量子力学では，もはやそうではありません．低いエネルギーを持つ粒子でも，もしそれが十分すばやくバリアーを貫通するなら，粒子は小さいながらも有限の貫通確率を持つことになります．それはまるでゴルフボールの何個かがマウンドを壁抜けしてクレイジーホールに達するようなものです．この現象はしばしば量子トンネル効果とよばれます．この壁抜けは，有名な不確定性原理の直接的な結果です．不確定性原理は，ドイツ語の原名"Ungenauigkeitsprinzip"の英語の直訳名からきています．"不正確原理"，"不明確原理"のように訳したほうがよいかもしれません．（英語で読み書きし，かつ数学が苦手な多数の人たちが，この直訳名を鵜呑みにして，物理学は何か基本的にあいまいなものであるとか，もしくはもっと悪く，た

んなる文化的概念であるかのような間違った見方へと導かれました．）

　その名前はどうであれ，この原理は，運動量と位置，エネルギーと時間といったさまざまな対をなす物理量が，原理的にでさえ，同時に測ることができたり，意味を持つことにある一定の限界があることを述べています．私たちが考えているようなエネルギーバリアーについて，この原理は，粒子はバリアーの高さより低いエネルギーでも短時間に済ませればバリアーを貫通することができることを説明しました．粒子のエネルギーがバリアーより低くなるほど，バリアーを貫通するのに与えられる時間は短くなります．量子力学の数学的な道具を使うと，与えられたエネルギーを持つたくさんの物体のうち，どのくらいの割合がそのバリアーを貫通することができるかを正確に計算できます．私たちの原子核燃焼問題に適用すると，与えられた温度と密度を持つ水素気体について，水素燃焼の割合がどのくらいであるかをきわめて正確に計算できるのです．実際のところ，この計算は非常に複雑です．なぜならば，四つの水素原子の同時衝突は，極端にまれな出来事だからです．もっとふつうなのは，2個の粒子の反応の連鎖を通じて水素がヘリウムに変化する反応です．

　水素をヘリウムに変換する反応には，2種類の連鎖があることが明らかになりました．それらが起こる割合は，両方の場合とも，気体の密度の2乗で変化します．しかし，この反応では温度の影響はずっと極端です．それは量子トンネル効果の直接的な現れの一つです．もし温度がある高さ以下だ

と，水素燃焼からの総エネルギー出力はまったく取るに足りません．もし温度がこの境界をわずかでも超えて上昇すると，エネルギー出力は莫大になります．その量があまりにも大きいので，星の中心にあるガスが受ける全エネルギーの影響により星が破壊されかねないほどです．エネルギーは質量と関連することを思い出してください．エネルギーを受けることは，質量が当たることと同等です．強い光のエネルギーは圧力をはたらかせます．星の光度がその質量で決まるある限界値を超えると，光の圧力がガスを吹き飛ばします．（この限界光度は発見者の名前を取ってエディントン限界とよばれ，アーサー・エディントンが 1920 年代に書いた星の構造についての有名な本の脚注として載っています．）

水素燃焼星

　明らかに，太陽のような安定した星がエディントン限界を超えた光度を持つことはありません．太陽の中心にある気体の温度はその境界値をはるかに超えることはできません．しかし，同じくらい明らかにその温度はその境界値以下でもありえません．そんな場合には，私たちは星の光をまったく目にしないことになるでしょう．太陽やそれと似た星の中心温度は，境界値と正確に一致する必要があります．この温度敏感性が，太陽の中心温度を前章で私たちが求めた 1000 万度の値に保持しているのです．中心部で水素が燃えているすべての星は，この値に近い温度を持っていなくてはなりません．しかし前章で，私たちは，この中心温度は質量と半径の比に大まかに比例すること（$T^* \propto GM/R$）を導きました．

これら二つは，もし，「水素燃焼星の半径がその質量にほぼ比例する（$R \propto M$）」なら矛盾しません．太陽の2倍の質量を持つ水素燃焼星はその2倍の半径を，半分の質量を持つ星は約半分の大きさを持つことになります．

　どのようして星の半径がこの値を持つことになっていると「知る」のか，とあなたは疑問に思うかもしれません．それは簡単です．もし半径があまりに大きければ，星の中心温度が低すぎて核反応の光度をまったく生み出せないからです．前章での推論から，星は重力結合エネルギーから明るさを供給しようとして，収縮することがわかっています．星の中心温度を水素燃焼が開始される適切な値に調整し，正確に正しい光度を生み出すように調整するために必要なのは，まさにこの収縮なのです．同様に，もし星の半径がわずかに小さすぎると，核反応光度は急激に増加します．これが放射圧力を増加させ，星を膨張させ，適切な半径，光度にふたたび戻すのです．以前に，太陽はその一生のすべてにわたって安定であったに違いないと推定したとおり，これらの単純な説明は星の構造が自動調整されていて，きわめて安定であることを示しています．この安定性の基本は温度，または半径に対する核反応光度の感度にあり，それがサーモスタットのように制御しているのです．

　以上の考えから，私たちが質量と半径の間の関係のように強力で広範囲に及ぶ結論に到達できたのは驚くべきことです．しかし，さらに進むことができます．私たちは水素燃焼

には特別な物理状態，とりわけ高温で非常に高い気体密度が必要とされることがわかりました．これらの状態が星の中心領域"コア"で維持されます．でも，温度や密度は，中心から離れるにつれて，どちらも低下するに違いありません．ですから，水素燃焼はコアでのみ起こるのです．そこで生成されるエネルギーは周辺層を通り星の外縁部まで，外へと移動しなくてはなりません．星が透明でないことは確実です．中心で放出された核反応の光はどうにかして星の表面まで拡散する必要があります．そこまで到達すれば宇宙空間に自由に逃げ出せるのです．どんな星でもこの放射に対して透明に見通せる距離はごく短いのです．これは，この放射が気体の原子や電子による発光と吸収を交互にくり返しながら，星のガスと定常的に相互作用することを意味します．ピタリと接触した二つの熱い物体のように，放射光とガスは熱平衡になるはずです．つまり，各点で光とガスの温度は等しいということです．星の表面は中心よりずっと低温ですから，この温度は中心から表面にかけてしだいに下がっていくはずです．もしこの温度低下が十分に穏やかであれば，星の物質は毛布のように振る舞います．

寒い夜，あなたがベッドで毛布を掛けるとき，あなたは熱が身体から逃げていくスピードを調整しているのです．その目的は，あなたが食物から生成する熱エネルギーと逃げるエネルギーとのバランスを取って，夜の間暑過ぎたり寒過ぎたりしないようにすることです．いちばん効果的な毛布は，熱の損失をゆっくりと抑える，低い熱伝導率を持つ物質でつく

られたものです．2枚目の毛布を掛ければ，熱損失は減少します．こうして熱伝導の割合があなたの身体が熱を生成する割合以下になれば，熱伝導による熱損失率が，あなたが食物から生成する熱の割合と再度バランスが取れるまで，あなたの体温は上昇することになります．さらに毛布を使えば，より暖かくなります．（実際には，あなたの体温の上昇は，幸運なことに，ごくわずかです．）

　さて，水素燃焼星もこれと似ています．毛布に相当するのは，コアの外側にあるすべての気体，つまりエンベロープで，その熱伝導率は光が原子とどう相互作用するかで決まります．星の核反応光度は，あなたが食物を食べて発熱する割合にあたります．しかしながら，あなたと星の間には決定的な違いがあります．これまで見てきたように，星の中心温度は約1000万度で「固定」され，またその結果，与えられた星の質量に対しては半径も完全に決定されます．星は，決まった厚さと熱伝導率の毛布を掛けてベッドに寝ているのですが，それにもかかわらず，体温を一定に保っていられる人のようなものです．この明らかなパラドックスを解決する方法が一つだけあります．あなたとは違い，星は熱を生成する割合を調整しているに違いありません．それは，「星の質量と明るさの間には関係がある」ということです．もし星の内部が十分に熱ければその伝導率は事実上一定になり，光度は星の質量の3乗に比例して上昇します（$L \propto M^3$）．このような星では，質量が2倍になると光度は8倍になります．星の内部がもっと低温だと，その伝導率は下がります．なぜなら

ば，それまで星の輻射場と相互作用を行っていた多数の電子を原子内に保持することになるからです．その場合，星の質量による光度の増加は，質量の4乗，5乗というように（$L \propto M^4$, $L \propto M^5$），より急激になります．このような星では，質量が2倍になれば光度は16倍，32倍など，より大きくなるのです．このように，熱伝導体（毛布）のように振る舞う星は，輻射平衡にあるとよばれます．それらの星の表面の性質は直接の観測から簡単に調べられます．質量が与えられれば，私たちは，星の全光度と半径の両方がわかり，そしてその表面積を知ることができます．すでに第1章で見たように，私たちは不透明で高温の物体の光度が，その表面積と表面温度の4乗に定数を掛けて得られること（$L = 4\pi R^2 \sigma T^4$, σ は定数）を物理学から学んでいます．もちろん，表面温度 T は，その中心温度 T^* よりはるかに低温です．もし私たちが星の光度を知ることができれば，その表面温度を導くことができます．第1章で，光度と温度は基本的な HR 図（図6）の二つの軸であったこと，私たちがこれら二つの間に見つけた関係はこの図上で曲線を形成していることを思い出してください．計算をすると，光度が温度のだいたい7乗で増加することがわかります（$L \propto T^7$）．これが，第1章で見た，少なくとも非常に低温ではない主系列に見られた観測的な傾きです．この結果は，私たちが何かにたどり着いていることを告げています．

それらの関係は，毛布のように，放射を伝導で伝えている輻射平衡にある星について計算されたものです．しかし，こ

れは，すべての星で正しいわけではありません．星は，固体というより気体でできていて，熱が加わると基本的に動くこと，「流れる」ことができるからです．ここで，私たちは毛布の類推を捨てて，代わりに深鍋の中で水を温めることを考えなければなりません．ここで，熱は下から加えます．最初に，深鍋が熱くなる前は，水は熱を穏やかに上へと伝え，あまり動きません．しかし，ひとたび，底の温度が十分に熱くなると，水は塊となって，でたらめに上昇し，水面で熱の一部を放出してふたたび沈みます．同様なことが星の気体でも，高度による温度低下の割合がある値を超える場合には起こります．より深いところの気体が浮力を受け，塊となって上昇し，より高いところで熱をその周囲へ引き渡します．この過程は「対流」とよばれ，地球大気の中でも起こっています．それが起こると，星の中では，きわめて効率よく熱を外側へと運び，私たちが以前考えた放射伝導の過程よりもはるかに高い光度を運ぶことができます．

　対流は，大質量星の中心コアで重要です．なぜなら，それらの星は非常に高い核反応光度を持っていて，まさに深鍋の熱い底のように振る舞うからです．対流は小質量星の外側の領域（エンベロープ）でも重要です．ここは光度が低く，表面温度も低いところなので，私たちはふたたび外側に向かって星の温度が鋭く落ちる状況に出合うのです．対流は星の物質が非常に不透明になるまで続きます．この現象は，気体の温度が約 3000 K に落ちるとき，これら低温層の原子物理学に関する理由のため起こります．そのとき，半径に対して，温度

はより緩やかに減少することになるので，星の光度は対流よりも伝導で運ばれることになります．最終的な結果として，外側に対流領域を持つすべての星は，非常に類似した表面温度（3000 K）を持つ傾向にあります．これは，そのような低温の星の主系列が，ほぼ垂直の傾きを持つことと一致します．

主系列の限界：縮退

　私たちは，水素からヘリウムへの核燃焼が非常に安定していて，星における長寿命の燃料であり，観測される主系列の特徴を説明することを知っています．HR図（図6）にある線は，核の中で水素を燃焼している星の場所を示し，星の質量が図の上のほうにいくにつれて，光度と同じく増加することを示します．これらの星——「主系列星」，または「矮星」（白色矮星と間違わないようにしましょう）——は長い寿命を持ち，非常にたくさんあって，宇宙の星の大多数を占めています．ここで，最後に一つの疑問があります．何が太陽のような星と木星のような惑星との差をもたらすのでしょう．その答えは，それらの持つ重力に逆らって，それら本体を支える圧力の性質にあります．非常に高密度にある物質では圧力の性質が基本的に変化するのです．

　この章の最初のほうで，私たちは不確定性原理に出合いました．それは，粒子の運動量と位置の不明確さを同時に小さくできないことを示します．ここで定められている小ささの程度から，この原理が重要であるのは，唯一原子より小さな

スケールであることがわかります．もし物質の密度が十分高ければ，それを構成するすべての粒子はたがいに，非常に密に接していて，それらの位置は非常に厳しく制限されます．すると不確定性原理から，これらの粒子の運動量には大きな不正確さが伴い，それは運動量が大きな場合にのみ可能なのです．このような高速運動は，物質が圧力をはたらかせることを意味します．しかし，この圧力は私たちが前章で見た物質が高温になることから生まれる温度圧力とはまったく異なります．新たな効果は"縮退圧"とよばれ，純粋に高密度と量子論の原理の組み合わせから現れたのです．縮退圧は，粒子の種類が異なると，異なる密度で現れます（より重い粒子はより高密度で，というように）．原子を構成する粒子の中で，電子は最も軽い粒子なので，より高密度になっていく過程で，電子縮退圧が最初に現れます．

　星と惑星の間の違いをつくるものが縮退圧なら，星の気体の密度が縮退圧が現れる大きさになりはじめる状態を探さなければなりません．密度（ρ）は質量を体積で割ったもので，星のような球体の体積は半径の3乗に比例します（$\rho \propto M/R^3$）．小質量の主系列星について，私たちはその半径が質量に比例することを知っています．その結果，この種の星の平均密度は，質量を質量の3乗で割ったものに比例，つまり質量の2乗に反比例します（$\rho \propto M/M^3 = 1/M^2$）．太陽の半分の重さの主系列星は，平均的に4倍密度が高く，1/10のものは100倍密度が高くなります．この質量まで下がると，電子縮退圧が星の重力に逆らって星を支えるために

重要となってきます．言い換えると，これらの星では星を支えるために中心の温度を上げる必要がありません．しかし，まさにこの必要性こそが中心部で水素燃焼を開始させたのでした．太陽質量の 0.1 倍以下では水素の球が熱くならず輝きません——星とは考えられず，むしろ惑星に近いものです．実際のところ，惑星は質量がより小さいので（太陽のおよそ 1/100），これらの惑星よりは質量が大きく，主系列の最下端にある天体は「褐色矮星」とよばれます．

このように，主系列星として存在可能な最も小さい星の質量は，太陽の 1/10 くらいです．では，最も大きい質量はどのくらいでしょうか．高温の星の光度は質量とともに急激に増加します（$L \propto M^3$）．したがって，大質量星は非常に明るく輝くはずです．太陽の 60 倍の質量になると，その光度は，エディントン限界（p.60）にほぼ等しくなります．これは，放射圧が重要な役割を持ち，星の構造を変えることを示します．この付加的な圧力が，星の中心密度が星の総質量とともに急速に増加することを防ぎ，質量による光度の増加を緩やかにします．これらの星は，エディントン限界に近い光度を持つようになり，光度は質量の 3 乗というより，質量そのものに比例して増加します（$L \propto M$）．原理的には，そのような大質量星が存在できない理由はありません．実際，いくつかの星は太陽の 100 倍以上の質量を持つことが知られています．しかし，そのような星はまれです．なぜなら，それほどの量の気体を集め，そこから星をつくり上げることはおそらく難しいからでしょう．いずれにしても，（次章で見るよう

に）これらの星の大きな光度は寿命が短いことを意味し，この理由からもまた，これらの星はまれなのです．

　主系列のこうした限界と比較すると，太陽は本当に平均的な星です．その質量は例外的に大きくもなく極度に小さくもありません．

第4章
元素のクッキング

成長と変化

　私たちはいまでは，ほとんどの星は水素がヘリウムになる原子核燃焼で輝いていることを知っています．この反応の結果，星の中心部の水素が消費されると，星は進化しなければなりません．私たちはこの過程を観察することができるでしょうか？　この疑問は，はじめはばかげて見えるかもしれません．人間の寿命は太陽の年齢，またおそらくは他の星の年齢よりも，はるかに短いからです．それで，いったいどうやって私たちは時間に伴う星の進化を知ることができるでしょう？　しかし，ここに役に立ちそうな例え話があります．森の中を散歩しているところを想像してみてください．あなたはさまざまな木々，小さいもの，高いもの，葉が茂っているもの，裸のものを目にします．もし誰もあなたにどうやって木々が育つかを教えていなかったとしたら，あなたは最初，これらの異なる木々の間に何か関係があるだろうかといぶかしく思うかもしれません．でも結局，あなたは小さな樹液の多い木は若くて，高いのは成熟していて，葉がなかったり折れていたり倒れたりしているのは，何がしか木の寿命の終点

に近いと推測するでしょう．そして，あなたがそう推定するとき，1本の木が成長して倒れるまでを座って見ているというわけではありません．エディントンにより与えられたこの例え話は，私たちが多数の星を見て，その観察結果を星の進化について物理学が予測するところと比べることで，星の進化の道筋を導き出すことができるはずだ，ということを教えています．

　進化は時間に関する概念です．それで，私たちが最初に必要とするのは，星はどのくらい長く中心の水素を燃やすことで輝いていられるのか（星の核燃焼寿命）の正確な見積もりです．前の章で私たちは，現在のエネルギー出力を生み出す割合で，太陽がすべての水素を燃やすのにどのくらい長い時間を必要とするのか問うことで，このことについての最初の試みを行いました．しかし，これで太陽の寿命を推定するのは無理があります．なぜなら，燃焼の結果，ヘリウムの「灰」がコアに積み上がって，そこの状態が変わるに違いないからです．したがって，核燃焼寿命は私たちの最初の見積もりよりも短いかもしれません．

　水素燃焼は高密度で成長していくヘリウムの球体を星の中心につくり出します．ここでふたたび，星は解決しなければならない重量問題に直面します．つまり，ヘリウムの球体はそれ自身の重さと，それに加えて残りすべての部分の重さもまた感じています．最初のときには同様の効果が水素の着火に至りました．中心部の水素がとても高密度で高温になった

ので，十分な量の水素原子核が静電気的斥力に打ち勝って，十分に近づき強い核力により一緒に融合したのです．同様のことがヘリウムにも起こり得るでしょうか？　私たちは最終的にはそれが起こるのを見ることになります．でもまだです．ヘリウム原子核は二つの陽子（と二つの中性子）を持ち，したがって2倍の電荷を持っています．ヘリウム原子核同士の静電気的斥力は水素の2×2＝4倍強くなるので，その静電気的斥力に打ち勝ち，ヘリウム原子核同士の核融合反応をはじめるにはより高い温度が必要となります．水素燃焼でできたヘリウムの灰はこれには冷たすぎます．それで，この段階のヘリウムコアでは原子核反応は起こりません．これは，コアのどの部分もコアの周囲より高温に保つ方法がないことを意味し，中心コアはその全体にわたって周囲のエンベロープの温度とすぐに同じになるに違いありません．

　この「死んだ」ヘリウムコアは，もともとの星の中心にあって質量が増していく小さな星に例えることができます．エンベロープ（コア外則の外層部）の重みに抗するため，コアの表面の圧力はそのすぐ外側にある水素エンベロープの圧力と同じでなければなりません．コアの中心圧力は，それに加えて中心コア自身の重みにも対応しなければならないので，さらに高くなければなりません．ガスの圧力は与えられた体積中のガス粒子の数（数密度）×温度に比例します．しかし，ヘリウムコアの温度は，上で見たように，すぐ外側のエンベロープと同じ温度です．したがって，コアの中央でより高い圧力にするには，ヘリウムの数密度が水素エンベロープ中よ

り高くなければなりません．中心の数密度は，コア質量をその半径の3乗で割ったものに比例します．前に星の中心温度は $T^* \propto M/R$ で変化すると議論したことを，思い出してください．コアの温度が一定ということは，その半径がコア質量に直接比例することを意味します（$R_{CORE} \propto M_{CORE}$）．そして，その一定の中心温度は水素燃焼で固定されていて，$R \propto M$ を要求します．それで，いま私たちはコア質量が増すにつれて何が起こるのかを知ることができます．コア質量が2倍になったと想像してみましょう．すると，コア半径もまた2倍になり，その体積は2×2×2＝8倍に成長します．この倍率は質量の場合よりも大きいので，密度は元の値の 2/(2×2×2) ＝ 1/4 倍となります．私たちは，ヘリウムコア質量が時間とともに成長するにつれて，その中心数密度が下がるという驚くべき結果を得ました（数学的には，これはたんに密度 $\propto M_{CORE}/R_{CORE}^3 \propto 1/M_{CORE}^2$ です）．圧力は密度に比例するので，コアの中心の圧力もまた低下します（$P \propto T^*/M^2$）．

水素エンベロープの密度は時間が経っても変化しないので，私たちはヘリウムコア質量が増すにつれて，ますます重量問題に対処できなくなることを知ります．コアがヘリウムでできていることにより，同じ数密度のヘリウムは水素に比べより大きな質量に相当するので，問題はさらに悪化します．最終的には，ヘリウムコアが星の質量全体の約10％以上になると，その圧力では星の重さを支えるには足りなくなります．そして，物事が劇的に変化することになります．

星に何が起こるかは後ほど考えることにしましょう．しかし，核燃焼寿命についてはここで計算できます．太陽を例に取ると，私たちは第3章における最初の粗い見積もりである約 10^{11} 年のちょうど10％を採用することにします．なぜなら，水素の約10％だけが燃焼させられるからです．すると，太陽の主系列星寿命として，約 10^{10}（100億）年（$t_{MS}=10^{10}$ 年）を得ます．これから私たちが見ていくように，主系列は一つの星が経験するいろいろな進化の中で群を抜いて長い段階です．それで，太陽は現在その全寿命のちょうど中間点にあるといえます．

　私たちは，この見積もりを異なる質量の主系列星に拡張することができます．主系列のための水素燃料の量はふたたび星全体の質量のちょうど10％としましょう．星はその燃料を主系列星光度で燃焼します．前の章で私たちはより重い星ほどより光度が高いことを見出しました．太陽よりも重い星の場合，光度は質量の3乗に比例して明るくなります（$L \propto M^3$）．太陽を基準に考えると，主系列寿命は質量の逆2乗のかたち（$t_{MS} \propto 1/M^2$）で減少し，重い星の寿命は太陽よりずっと短いことがわかります．10太陽質量の星は太陽のわずか 1/100（$1/(10\times10)$），つまり，約 10^8（1億）年の寿命しか保ちません．一方，太陽より軽い星の光度は太陽より大分暗く，その結果ずっと長い寿命を持ちます．太陽の 1/10 という主系列星の最小値に近い質量の星は，寿命が太陽の1000倍近くになる 10^{13} 年という想像もできない長さです．すべての小質量星はまだ最初の若い盛りの時期にあります．

第4章　元素のクッキング

星の一生に関する基礎的な事実は，重い星の生涯は短く，小質量星はほとんど永遠に生きる——確実に現在の宇宙年齢よりもずっと長い——ということなのです．

　星の生涯の物語を一緒になって支配する三つの基本的なタイムスケールのうちで，最も長いのは原子核燃焼のタイムスケールです．次に長いのは，熱的，あるいは，ケルビン-ヘルムホルツのタイムスケールで，光の放射で失われたエネルギーを再補給するための核反応がいっさいなくて星がどのくらい長く輝き続けられるかを示します．最も短いのは力学的なタイムスケールで，圧力による支えがないとしたときに星が中心に落ち込むのにかかる時間です．私たちは太陽でこれら三つのタイムスケールのすべてに出合いました．原子核燃焼タイムスケールは100億年で，熱的タイムスケールは2000万年，力学タイムスケールはわずか半時間です（第2章参照）．ここではっきり示された事実は，これらのタイムスケールがいかに異なっているかということです．原子核燃焼タイムスケールは熱的タイムスケールの500倍で，熱的タイムスケールが力学タイムスケールのほぼ10^{12}倍です．この明瞭な階層構造はすべての星で成り立ち，それらの進化をたどるのを容易にします．

　星が変化に反応するのにどのくらい時間がかかるのかは，その変化の種類に対応するタイムスケールからわかります．力学タイムスケールは私たちに，もし圧力と重さの間の静水圧平衡がかき乱されたら，星は力学タイムスケールの数倍

（太陽の場合は数時間）のうちに内部の物質が位置を変えることで反応し，圧力と重さがつり合う新しい状態に落ち着くだろうということを教えます．そして，この時間が熱的タイムスケールに比べてとても短いので，星の構成物質は動かされる間に熱を失うことも得ることもなく，星が乱される前に各個所にあった質量片はそこで持っていた同じ量の熱と質量を保持したままただ単純に新しい場所に運ばれるのです．しかし，星はすぐに新しい静水圧平衡を見出すのですが，それは通常，熱平衡にはなっていません．熱平衡にある場合，星の奥深い中心部での核反応によって生成されるのと厳密に等しい量の熱が，星の内部を外へ向かって滑らかに移動します．その代わり，新しい力学平衡では，星のある部分はこの熱のすべてを外向きに流すには冷たすぎ，別の部分は熱を大量に吸収するには熱すぎてしまうのです．新しい熱力学的平衡状態にたどり着くまで，熱的タイムスケール（太陽では2000万年）にわたって，冷たい部分は必要な熱を星の輻射場から吸収し，熱い部分はそれらが持っている余剰を捨て去ります．最後に，核燃焼タイムスケールは私たちに，解放されたエネルギーを宇宙空間に放射しながら，星が新しい化学元素を合成していくのにかかる時間を教えてくれます．

　タイムスケールの階層構造から，その一生のほとんどすべての間，星は静水圧平衡と熱平衡両方のさまざまな状態にあり，そして異なる平衡状態の間をすばやく移動することがわかります．ここで"すばやく"とは，"核寿命に比べてとても短い間に"という意味です．この先で，太陽のような星は

実際に数千万年の間，熱平衡から外れますが，これはそれに先立つ100億年や，それに続く数億年の熱平衡期と比べればほんのわずかなものであることを見ていきます．そこで，非平衡状態がとても明るいものでなければ，私たちがその状態にある星を数多く目にすることは期待できません．前に述べた森の例え話でいうと，私たちが実際に木から葉が落ちていくところ目にすることはあまりなく，たいていは葉を茂らせている立木かすでに倒れた木なのです．唯一の例外は，星が到達しようとする平衡状態を，何かの効果が継続的に乱し続けるときに起こります．例えば，ある（短い）いくつかの段階において星は脈動しやすくなります．脈動とは星が規則的に膨張し収縮する現象です．なぜなら，その動き自体が，エネルギーを振動に供給し，振動を維持するような内部変化を引き起こすからです．別の例としては，非常に接近した二つの星からなる連星において，ガスを加えたり除いたりするやり取りによって星が継続的に乱される場合があります．森の話でいうと，これは，地面へ倒れるはずなのに，近くの木々の枝に引っ掛かった枯れ木を見つけるようなものです．

巨　星

　それでは，星がもはや主系列に居られなくなったら何が起こるのでしょうか？　ヘリウムコアが星の質量の約10％に達すると，その上の重みを支えきれなくなることを私たちは学習しました．それで，中心コアは収縮してもっと高密度にならざるを得ません．もし星の質量が太陽の約2倍以下の場合，中心コアは十分に高密度なので第3章で論じた縮退圧力

が収縮を遅くします．より重い星では，中心コアの収縮が進み中心が十分に熱くなるとガス圧が高くなって収縮が遅くなります．しかし，単純にコアの中心部は縁辺部より温度が高いという理由により，熱は漏れ出ていきます．結局，どちらの場合にもゆっくりとした収縮が続きます．この間，コアとエンベロープはいつも静水圧平衡に近いので，第2章で見たように，星の重力と熱のエネルギーはビリアル定理によって指定される2：1の比（$2T+V=0$）にとどまっていなければなりません．そして，もし星がこの収縮の間，熱平衡に近いならば，全恒星エネルギー（重力的＋熱的，$E=T+V$）は一定値に固定されたままです．この二つの関係から，星全体の重力（V）と熱（T）のエネルギーがそれぞれ個別にこの過程の間中不変であることがわかります．

しかし，中心コアがつぶれていくとその（負の）重力エネルギーが増加します．コアの内部の大量の質量がたがいに近づき合い，重力による引力をとても強くする（すなわち，Vがより負に振れる）からです．星の全重力エネルギーを一定に保つには，星のエンベロープの重力エネルギーを弱くしなければなりません．これは星が膨張することを意味します．こうして，重力はコアで強くエンベロープでは弱くなります．もし私たちがエネルギーをお金として考えるなら，これはコアの収縮は高価格につきますが，エンベロープの膨張がとても低価格になるということなのです．星の構造を平衡に保つには，つまり重力エネルギーを一定に保つには，星は大きく膨張する必要があります．同時に，コアは収縮につれて

熱くなるので，全熱エネルギーを保存するためエンベロープは冷えなければなりません．こうして単純な議論から，星の約10％の水素がヘリウムへと燃えた後に，星は膨張して，とても大きくて低温の天体になることがわかります．太陽のような星の場合，ついにはちょうど地球の軌道におおよそ届く，現在の大きさの約200倍にまで膨張します．

それと同時に，ヘリウムコアのすぐ外側で核を取り囲む水素の殻が十分熱くなって，それ自身を燃やしはじめます．これが星を主系列にあったときよりも明るくします．しかし，星の表面からの明るさの総量，つまり光度L，は表面積$4\pi R^2$に温度Tを4回掛けたもの（$L=4\pi R^2\sigma T^4$）であることを思い出してください．ここではこの光度を放射している表面積がいまや非常に大きいので，目に見える表面の温度はとても低くなり，星はとても赤くなります．これが赤色巨星です．

私たちは，第1章で赤色巨星に出合いました．それらはHR図の右端の低温度側にあって，ほぼ垂直な線に沿った領域を占めています（図6参照，p.16）．この線が矮星の占める主系列の線と交わるのは，主系列上で太陽と似た質量の星の位置付近です．しかし，質量の大きいところでは，巨星は矮星からはっきりと分離しています．この二つの系列の間の空白領域がヘルツシュプルングの隙間です．しかし前の議論から，この領域が実際には，主系列星からはるかに大きい赤色巨星へと半径を広げている途中の星で占められているはずだと，私たちは知っています．私たちがこれらの星を見かけ

ない理由は，数段落前の，寿命の長い平衡段階の間の"すばやい"変化についての私たちの議論にさかのぼります．思い出してほしいのですが，とてつもない半径の成長は熱の（そして重力の）エネルギーバランスが強く崩れた直接の結果であり，これらの星は熱平衡からははるかに遠いのです．これを矯正して熱平衡を回復するには熱的タイムスケールがかかるのです．それで，これらの星々はおよそ熱的タイムスケールのうちにヘルツシュプルングの隙間をひっそりと横切っていきます．この横断時間は星が主系列にある時間よりはるかに短く，またそう明るいわけでもないので，私たちに見えるそれらの星はごく少数なのです．

星の"森"という見方でいうと，私たちは死んだ木がちょうど倒れる途中に出会うことはあまり多くありません．星の一生の中で，赤色巨星段階は主系列段階よりかなり短いのですが，同じ質量で比べると矮星（主系列星）であったときより巨星であるときのほうがずっと明るいのです．その結果，矮星では見えなくなるほどの遠方でも巨星なら見ることができ，私たちに見える星の中では相対的に巨星の割合が増加するのです．実際，夜空に肉眼で見える星々の多くは赤色巨星で，ベテルギウスはその最も顕著な一例です．

赤色巨星段階は，星の一生の物語の終着点ではありません．中心コアの奥深くでは密度と温度がゆっくり上昇し，ヘリウムが燃焼できるようになり，その結果，炭素と酸素がつくられます．これはヘリウムコアを熱し，膨脹させます．水

素燃焼の終わり，コアが収縮したときにエンベロープを膨れ上がらせた過程が今度は逆転します．重力と熱のエネルギーを一定に保つため，エンベロープは今回収縮します．星はいまや以前より小さくて熱くなり，HR図の左へ動きます（図

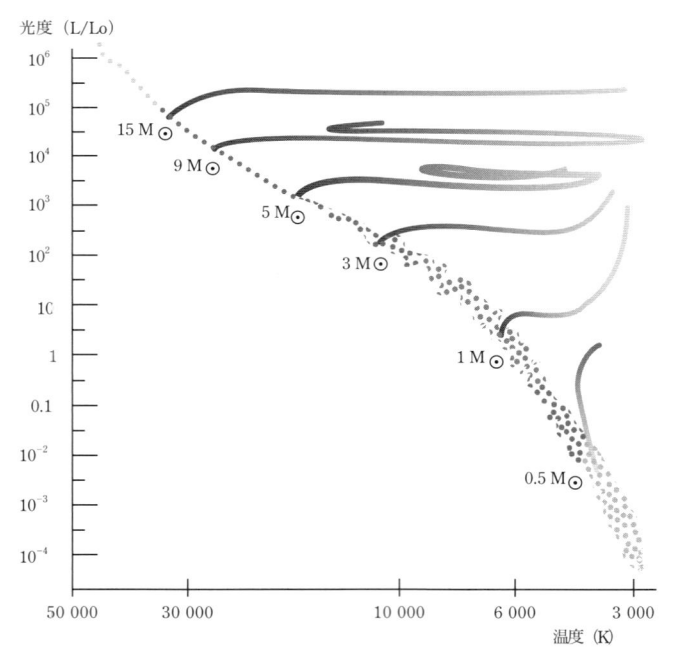

図8 ヘルツシュプルング・ラッセル（HR）図上の進化経路．主系列星は中心コアでの水素燃焼を終えた後に右へ移動し赤色巨星になります．この移動速度は星の質量に依存します：軽い星では遅く，重い星では速い．軽いほうの星は縮退したヘリウムコアが成長するにつれて赤色巨星枝を上り，最終的に赤色巨星から白色矮星へと進化します（左下隅，経路は示されていません）．重い星は図を横切って左右に振れてから，中性子星かブラックホールとして寿命を終えます．

8）．このヘリウムコア燃焼の段階は，水素の場合（主系列）よりかなり短いです．なぜなら，ヘリウムを炭素と酸素に変換する際の核結合エネルギー解放が水素燃焼より少なく，一方，星の光度は大きいからです．以前に少し触れた星が脈動する傾向を発達させるのは，ヘリウムコア燃焼のこの段階なのです．これは星の進化にとっては重要ではない現象なのですが，この性質が宇宙の距離を測るのに，きわめて有用であることが明らかになります．それは第7章で見ることにしましょう．

　これまで，私たちの星はそのヘリウムの含有量を増加させ，炭素と酸素をつくり出しました．その間，星は主系列を離れ，HR図上を右へ，次に左へと振れました．次なる段階の大筋を想像するのは容易ですが，詳細を記述するのは複雑です．結局，炭素と酸素の両方が着火し，マグネシウム，ナトリウム，ネオン，そしてシリコンをつくり出します．シリコンはよりいっそう複雑な原子核変換の基盤を形成します．しかし，軽い元素を融合してより重い元素を築き上げることには，自然が定めた限界があります．いままでのところ，この核融合はつねに何がしかの核エネルギーを放出してきました．なぜなら，強い核力が新しい原子核を古い原子核よりもきつく一緒に結びつけたからです．しかし，鉄の原子核はすべての中で最もきつく結びつけられています．それで，核融合の結果がひとたび鉄まで達すると，その先の核融合はエネルギーの解放よりも，むしろエネルギーの注入が求められるのです．そして，核融合はそれ以上ははたらきません．鉄よ

り重い元素はすべて違う過程によってつくられます．炭素，酸素，そしてケイ素の燃焼はたくさんの自由中性子を生産します．中性子は電荷を持たないので，強い核力により重い原子核に容易に捕獲されます．これが数回くり返されます．過剰な中性子は安定でない場合があり，陽子と電子（と反ニュートリノ，電気的に中性の弱い核力だけを通してしか相互作用しない粒子）へと崩壊します．電子が原子核から逃げ出すと，核に束縛された陽子が残り，その核の電荷が1単位だけ増加します．この方法によって，星は鉄より重い元素を生産することができるのです．

　ここまでの話から私たちが期待するように，これらの反応が点火すると，その星の構造変化を引き起こし，交互に膨脹させたり収縮させたりして，HR図上を右に左にと揺らします．もし星の質量が大きいと，すべてのヘリウムは最終的にはコアの中で使い尽くされます．すると，中心コアはさらに収縮し，エンベロープにより大きな膨脹を強います．これらの巨大な星は超巨星とよばれます．それらの中心コアは巨大玉ねぎのように層をなしています．それぞれの層は異なる化学組成を持ち，軽い元素がより重い元素の上に重なっています．この核の外側には組成の比較的一様なエンベロープがあり，まだ主成分は水素ですが，いまや内部でつくられたより重い元素の多くを豊富に含んで（あるいは，汚染されて）います．外側のエンベロープがとても大きく低温になるときは，いつでも対流（星の内部でエネルギーを外へと移すことのできる沸き立つ動き）がいろいろな玉ねぎの層（とくにエ

ンベロープ自体）をかき混ぜ，巻き上げるので，内側の元素が外側まで出てくるのです．次の章では，これらの元素がどのように宇宙空間へと広がっていき，私たち自身の体も含めてなじみのあるすべての現象を生み出すかを見ることにしましょう．

　ここまでの次々と続いた発見を見渡すと，何がしか考えるに値するように思えます．水素とヘリウムの単純な球体からはじまって，物理学の法則が容赦なく他の化学元素すべての創生へと駆り立てます．その各段階で，ビリアル定理という鉄のように強い指導原理が——ただ重力と熱力学だけなのですが——が星に新しいエネルギー源を求めることを強制します．そして，それぞれのエネルギー源が新たな元素を生み出します．こうして，星は輝き，私たちを生み出した材料をつくるのです．

第 5 章
星々が亡くなる日

終　焉

　星は長い寿命を持ちますが，それでもいつかは死を迎えます．星が持つ核エネルギーは有限であり，永遠に輝き続けることは不可能なのです．しかし，星はどのようなかたちでその一生を終えるのでしょう？　私たちがこれまで見てきたところでは，ビリアル定理が重力と熱力学を結びつけて星が冷えていくことを許さないために，星は進化の諸段階をひたすら前へ前へと進むように仕向けられています．そこで，主系列矮星は赤色巨星へ，さらに赤色超巨星へと容赦なく追い立てられていきます．では，何がこの連鎖を断ち切るのでしょうか？　進化の各段階をつないでいるのは，星を支えている圧力は温度に依存するという事実です．もし温度をほとんど気にかけない圧力が星を支えるようになると，このつながりは切れてしまいます．そして，自分自身を支えるには熱くなければいけないという強制から解放され，ようやく星はゆっくりと死に向かって冷えていくことが許されるのです．これは星の進化の最終到達点になるでしょう．

私たちは第 3 章ですでにそのような圧力に出合っています．電子縮退圧は温度の影響を受けず，密度のみで決まります．物質密度が高くなると電子はたがいに接近し，不確定性原理により電子は高速で動き回らざるを得なくなり，温度と無関係に強い圧力を生み出します．こういうわけで，星の進化の最終点の一つとして可能な状態は，星が強く押しつぶされて，圧力の主要部が電子縮退圧となったときに生じます．以前に，小質量星が主系列を離れ赤色巨星へと進化する際に，ヘリウムのコアが縮退することを見ました．このヘリウムコアは後にヘリウムが燃えはじめると膨張しますが，燃焼の結果，組成が炭素，ネオン，酸素の混合へと変わるとふたたび押しつぶされて強い縮退状態となります．このときまでに星は超巨星へと変わっており，大きな質量を持つエンベロープは太陽半径の数百倍へと巨大に広がっています．半径がこれほど大きくなるとエンベロープをコアにつなぎ止める重力はとても弱くなってしまいます．逆 2 乗則で計算すると，このときの重力の強さは太陽表面の 1/1 万から 1/10 しかありません．つまり，エンベロープはほとんど重さがないことになります．引力がこんなに弱いと，とても小さな外向きの力でもそれに打ち勝ち，エンベロープから質量を解放するのに十分です．こうして大量の質量が宇宙空間に流れ出ていきます．ついには，エンベロープに残っていた質量のほとんどがほぼ球形のガス雲として放出され，コアの表面に残された核反応物質は短時間で燃え尽きてしまいます．いまや自分自身の重力の作用でコアは収縮し，ますます高い密度となり，電子の縮退圧をさらに高くします．コアの質量は太陽くらい

ですが，縮退圧とつり合って収縮が止まったときには地球くらいの半径にまで縮んでいます．こうして白色矮星が誕生します．その表面は少なくともはじめは高温ですが，表面積が小さいため，星としては暗い天体です．図6（p.16），図8（p.82）でわかるように，白色矮星はHR図上の左下の隅に現れます．

　大きな質量が小さな空間に押し込まれた結果，白色矮星は驚くほど高い密度を持ちます．スプーン1さじの白色矮星物質でも1トンの重さになります．白色矮星の大きさは地球くらいなので，地球よりずっと大きなその質量の結果，その表面での重力は地球の10万倍も強いのです．白色矮星では核反応は発生しません．そのため，この星は最終的には冷えて，暗い死の天体となって終わります．しかし，そうなる前には以前の進化段階で蓄えた熱エネルギーを放出して輝き，熱を失うにつれてしだいに暗くなっていきます．天文学者は空に多数の白色矮星を見出していますが，それは星の多くがその一生を白色矮星として終える事実を反映しています．白色矮星の質量はその星のそれまでの進化を示しており，重い主系列星は重い白色矮星，軽い主系列星は軽い白色矮星になります．

中性子星とブラックホール

　すべての星が白色矮星として一生を終えるわけではありません．それらの星の強大な引力に対抗して星を支える縮退圧を生み出すためには高い密度が必要です．したがって，質量

の大きな白色矮星ほど強く圧縮されて半径は小さくなります．その結果，電子はたがいにより接近し不確定性原理のために電子の運動はますます速くなります．太陽よりほんの少し重い白色矮星では電子はほとんど光速で飛び回っています．ここで重要な現象が起こります．アインシュタインの有名な公式，質量エネルギー$E = mc^2$，を適用すると電子の運動エネルギーはその質量エネルギーとほぼ同じになるのです．

　前章で，この公式は，ある原子が他の原子に変換されるときどのくらいのエネルギーが解放されるかを計算するのに用いられました．そのときには，$E = mc^2$ は質量がエネルギーに変わることを私たちに告げたのです．今度は同じ式が逆の関係を示します．エネルギーが質量に変わるのです！　質量には重さが伴いますから，これはエネルギーには重さがあることを意味します．言い換えると，電子が光速に近い速度で動くようになると，密度や圧力を上げることはもはや重力に逆らって星を支える助けにはならないのです．それはただ圧力が支える必要のある重さを増やすだけなのです．

　この結果を避けることは不可能です．白色矮星の質量を大きくしていき，それに伴って電子速度が光速に近づけば，必ず電子縮退圧では支えきれなくなります．これは白色矮星の質量に上限を設定します．物理の法則を使うとその値が計算できます．その値はきわめて興味深いものでした．太陽質量のわずか 1.4 倍だったのです．この結果をそのように厳密なかたちで最初に導いたのは，若きインド人天体物理学者スブ

ラマニアン・チャンドラセカールで，彼はその仕事を 1930 年に留学先の英国へ船で渡る途中に行いました．それより以前にアンダーソンとストナーが類似の結果に達していましたが，方法がやや粗かったのです．チャンドラセカールの仕事の重要性が完全に理解されたのは，その後だいぶ経ってからでした．彼は 1983 年にこの発見によりノーベル物理学賞を受賞しました．その上限値は彼の名前を取ってチャンドラセカール質量とよばれています．

チャンドラセカール質量の存在は一つの問題を解決しましたが，同時に別の問題を引き起こしました．その値は十分に大きく，小質量星が白色矮星として終わることは確実と思われます．実際，恒星進化論によれば，ある意味では，小質量星はその内部で長時間をかけてこの奇妙な天体を育て上げているともいえるのです．しかし，天文学者はチャンドラセカールの限界値よりずっと大きな質量を持つ星をたくさん知っています．質量の大部分を進化の途中で失わない限り，それらの星が白色矮星として終わりを迎えることはあり得ません．確かに星は進化するにつれ大量の質量を放出して失います．しかし，それらの星すべてが，最後に 1.4 太陽質量以下になるような，質量放出を行うのでしょうか？ この疑問に観測がどう答えるかをあとに見ることにしますが，答えは明白な「ノー」です．初期質量が太陽の約 7 倍以上の星は白色矮星として終わりを迎えることはできません．

この値より大きな質量を持つ星の最後は異なったかたちを

取ります．それらの星では超巨星期の最後の頃に，核反応が星の中心コアを純粋の鉄に変えます．鉄は原子核の中では結合力が最も強く，星の崩壊を食い止めるための熱を供給できる核反応がそれより先にはありません．ついにこの星の崩壊がはじまったときにはコアはすでにチャンドラセカール質量を超えており，電子縮退圧は星の崩壊を食い止めるには無力です．物質は重力の容赦ない力で引き込まれ，ほとんど自由落下でつぶれていきます．これは星の生涯の中でも最も劇的な瞬間といえましょう．それ以前に星の内部で起こる変化はきわめてゆっくりでした．主系列での水素燃焼には数億年かかりましたし，その後の進化でさえ何百万年もかかったのです．それなのに，ここでは物質が中心に落下するだけの時間で星の構造が大きく変化しています．それは星の深部ではわずか数秒かそれ以下です．

　この崩壊現象が莫大なエネルギーを生み出すことは明らかです．それはどこに行くのでしょう？　今度だけはこの質問は単純です．私たちは，物質があちこちと不規則に動き回ることで生じる通常のガス圧力は，電子縮退圧よりはるかに小さいことを知っています．ですから，エネルギーがそのまま粒子の運動に向かうのを止めるものは何もありません．別の言い方をすると，温度がほぼ無制限に上がるということです．この熱エネルギーは鉄原子核の結合エネルギーと同程度となり，鉄原子核はヘリウム核と自由電子へと分解します．ヘリウム原子核自体はさらに中性子と自由陽子へと分解していきます．その間，これらの粒子は星の崩壊により押しつぶ

されて、これまでにないほどに近づき合うようになります。そして、自由陽子が自由電子を捕獲して中性子へと変換するほどに密度が高まります。この過程は熱エネルギーを吸収し、また粒子数も減らします。その結果、圧力は減少し、崩壊はいっそう進行して中性子ガスを押しつぶしていきます。ついには、白色矮星で電子が縮退したように、中性子ガスが縮退しはじめます。ふたたび、不確定性原理がはたらいて中性子を高速で動き回らせ、この中性子縮退圧はコアを安定化する可能性があります。それは電子縮退圧がヘリウムコアや白色矮星に対して行ったのと同様の作用です。

　しかし、じつは両者の間には大きな差があります。中性子の質量は電子に比べ約2000倍も大きく、同じ運動量に対し中性子の速度は電子の2000倍も小さくなります。ガスが及ぼす圧力は、簡単にいうと粒子数密度と運動量の輸送率の掛け算に比例します。そのため、同じ密度の場合には、動きの遅い縮退中性子は電子に比べ低い圧力を示します。それゆえ、同じ重量を支える圧力を得るには、縮退中性子ガスは電子よりもはるかに強く圧縮されている必要があります。太陽の1.5倍の質量を持つ縮退中性子コアが安定化するのは、半径が10〜20キロメートルまで縮んだときです。これは白色矮星よりずっと小さい値です。

　重力の逆2乗則を考えると、このように小さなサイズは、コアの境界における重力がふつうの星の表面での値に比べると非常に大きいことを意味します。それは太陽表面重力の

50億倍という驚くべき値なのです．中性子星となったときの半径10～20キロメートルという値と比べると，コアが崩壊を開始したときの大きさは非常に大きいので，崩壊には莫大な量の重力エネルギーの解放が伴います．太陽の1.5倍質量のコアの場合，それは3×10^{46}ジュールという想像できないような値となります．この数字がどんな意味を持つかを知るために，それを太陽が主系列上で水素を燃やして得る全エネルギーと比較してみましょう．太陽の光度は約4×10^{26}ワットであり，その主系列期間は10^{10}年，つまり3×10^{17}秒です．1ワットは毎秒1ジュールですから，太陽が10^{10}年の主系列期間中に放出する全エネルギーはだいたい10^{44}ジュールです．それゆえ，大質量星の崩壊コアが解放するエネルギーは太陽が主系列期間中に放射する全エネルギーの300倍も大きいのです．これがさらに驚くべきなのは，コアが最終半径の2倍になってから最終半径までのきわめて短い時間内に，このエネルギー放出の大部分が集中していることです．コアの崩壊は毎秒10^5キロメートルという，ほとんど自由落下速度で起こり，これは光速の約1/3です．したがって，重力エネルギーの解放はわずかに10^{-4}秒で起きるのです．

当然起こる疑問は，この巨大なエネルギーがどこへ向かうのか，です．この質問に答える前に，複雑な核反応の最終結果は最初の鉄の中に存在していた陽子すべてを中性子に変えることだったことを思い出しましょう．太陽質量のコアに対して，これはだいたい10^{57}個の陽子と10^{57}個の電子が同数の中性子に変わることを意味します．この反応一つごとに相

互作用の非常に弱い,ほとんど質量が0の粒子,ニュートリノ,を生み出します.この反応は中性子が陽子,電子,それに反ニュートリノに変わるベータ崩壊の逆反応に当たります.相互作用があまりに弱いので,ニュートリノは通常の物質の巨大な層をも減速や吸収を受けずに通過します.それで10^{57}個のニュートリノのほとんどは星から飛び去っていきます.これが解放された重力エネルギーの行先だったのです.

これが起こることのすべてであるなら,これまで述べてきた大変動では驚くほどわずかな痕跡しか残らなかったことでしょう.ニュートリノが示す物質との作用の弱さはそれらの検出をきわめて困難にしています.太陽の核反応もやはり大量のニュートリノを発生します.それは地球上では毎平方センチメートル,毎秒 7×10^{10} 個降りそそいでいます.これはあなたの体を毎秒 4×10^{14} 個の太陽ニュートリノが通過することに相当します.ビッグバンから生き残った始原ニュートリノのフラックスはさらにその40倍もの強さです.それでも,太陽ニュートリノを捕えるには,ドライクリーニング溶剤を詰めた巨大タンクを検出装置として地下の廃坑に設置するというような英雄的な奮闘が必要でした.レイ・デイヴィスはこの研究で2002年のノーベル物理学賞を受賞しました.このようにニュートリノの作用は本当に弱いのです.

しかし,弱い作用ではあっても,ニュートリノが大質量星の全エンベロープを通過する際には,そのいくらかは物質と作用します.ニュートリノの全エネルギーの数パーセントは

外層部に吸収されます．これは 10^{45} ジュールに相当し，エンベロープの束縛エネルギー，つまり中心コアの重力に逆らってエンベロープを宇宙空間まで運び上げるのに必要なエネルギー，の数倍になります．全エンベロープは毎秒数万キロメートルの速度で宇宙空間へ吹き飛ばされます．吹き飛ばされたガスは星間空間物質と衝突し，強力な衝撃波を発生させます．この衝撃波が放出された物質と掃き寄せられた星間空間物質の両方を加熱します．今度はその高温ガスが約 1 年間にわたり，太陽の 3×10^{10} 倍の明るさで輝き続けます．その後，放出物質がより多くの星間ガスを掃き寄せ，速度が低下するにつれ，明るさはしだいに落ちていきます．これがコア崩壊型超新星です．

　わざわざ述べる必要もないことですが，超新星は遠方にあっても容易に見ることができます．いまでは天文学者は年に数百の超新星を発見しています．それらのすべては私たちからは遠くにありますが，最も近距離の例は 1987 年に天の川銀河のすぐそばにある小さな銀河，大マゼラン雲に現れた超新星です．このように近くの銀河で生まれた超新星は肉眼でも見ることができます．図 9 のかに星雲は天の川銀河内の超新星の残骸で，中国の文献には 1054 年 7 月 4 日に現れたと載っています．しかし，超新星が可視光，より一般には電磁波，でいかに明るいといっても，それはニュートリノに比べると 1/100 という小さなエネルギー放射にすぎません．ニュートリノの反応性の弱さが超新星からのニュートリノの検出を非常に困難なものにしています．小柴昌俊は 1987 年の

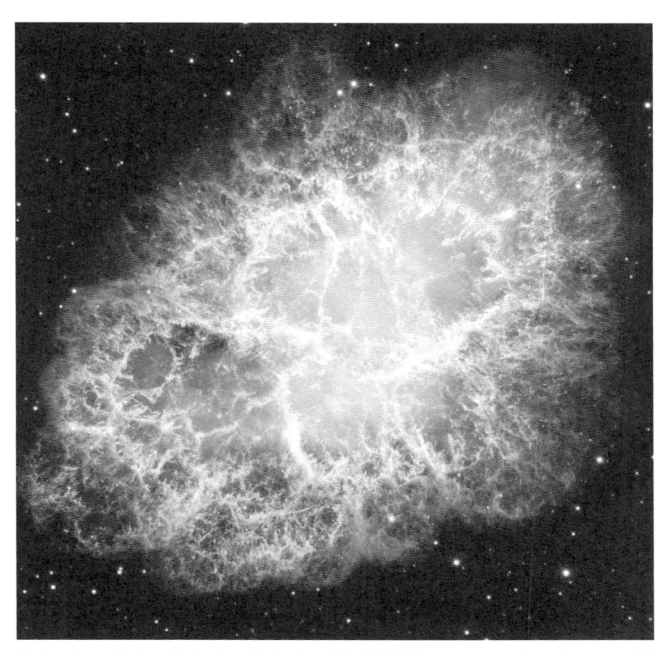

図 9 かに星雲．私たちに最も近い超新星残骸で，1054 年 7 月 4 日に爆発した星の名残です．星のコアは中性子星になり，星雲の中心付近に存在するパルサーとして検出可能です．

大マゼラン雲超新星ニュートリノ検出を指揮した功績によって 2002 年のノーベル物理学賞を受賞しました．

　超新星には，そのすばらしい眺め以上に重要な意義があります．星間空間中の水素とヘリウムはビッグバンからの始原的元素と考えられていますが，超新星は大質量星のエンベロープを完全に吹き飛ばして，星間空間にそれらより重い元素

を注入しています．超新星がなかったなら，それらの重い元素は星の中に埋もれたままで終わったでしょう．それにもかかわらず，宇宙のどこを見てもこれらの重い元素が見つかります．そしてもちろん，地球の大部分と私たちの身体はそれらの重元素からできています．これらの事実から次の二つの興味深い結論が引き出せます．第一に，星間空間に吐き出された重元素を高濃度で含むガスは，次世代の星をつくる材料として使われるに違いありません．第二に，私たちの身体は完全にすべてではないにしろ，かなりの部分がかつては大質量星の一部を成していたに相違ありません．

　超新星の跡には大質量星コアが中性子星として残されます．それは直径が 10〜20 キロメートル足らずで，質量は太陽より大きいくらいの球体です．これは 1 立方メートルあたり 10^{18} キログラムという驚くほど高い密度を意味します．以前にスプーン 1 さじの白色矮星物質の重さは約 1 トンになることを学習しました．しかし，中性子星で同じことをすると 10 億トンです．この高い密度は原子核の密度と同じです．そこでも中性子と陽子とが可能な限りぎっしりと詰め込まれているのですから．私たちがそのことに気がつかないわけは，これも前に述べたことですが，原子の内部は空虚な空間で，その構成要素は，大聖堂の中を飛び回る蠅のようなものだからです．これに対して，中性子星は一つの巨大原子核のようなものですが，原子核が強い核力でつながっているのと違い，中性子星は重力でまとまっています．

多くの点で中性子星は，白色矮星をさらに強く圧縮した天体といえます．大きな違いは圧力の源が縮退した電子ではなく縮退した中性子である点です．白色矮星の半径は中性子星の半径が10キロメートルであるのに比べると1万倍くらい大きいのですが，この比はまさに中性子と電子の質量の比なのです．そして，白色矮星にチャンドラセカール質量という上限があったように，中性子星にも質量の上限が存在します．それは重力に抗して星を支えるために中性子が飛び回る速度が光速に近づくときに起こります．その値を計算するのは白色矮星の場合より複雑ですが，チャンドラセカール限界よりは大きく，おそらく3太陽質量のあたりと考えられています．したがって，大質量星のコア質量がこの値内に収まる場合，その星は最後には中性子星となります．これが星の進化の最終点として考えられる第二の可能性です．

　さて，チャンドラセカール質量が発見されたときに起こった問題がここでも起こります．すべての大質量星はその中心コア質量が中性子星上限値以下に収まるよう，事前に大量のガスを放出しておけるのでしょうか？　もはや驚くことはないでしょうが，白色矮星のときと同様，答えはふたたび「ノー」です．そして，今回はこの苦境から救ってくれる中性子ガスのような新しい状態はありません．多くの天文学者にとって楽しくない，あるいは不合理にさえ見える結論に向き合わざるを得ないのです．質量が十分大きい星は，白色矮星や中性子星として最後が迎えられません．どんなかたちの圧力であれ，自身の重みを支えることは不可能です．それらの星

は崩壊し続けざるを得ません．

　前の段落の最後に述べた「崩壊し続ける」という言葉が天文学にとって何を意味するかを，天文学者が理解するには長い時間がかかりました．1960年代に解答が現れたとき，それは直接の観測よりはアインシュタインの一般相対性理論の数学を理解することにより深く関係していました．英語のGeneral Relativity の頭文字をとって通常は GR とよばれますが，この理論はアインシュタインが1915年に提案したもので，電磁力や核力のような力と違い，重力を空間と時間の織りなす時空連続体の一部と考えます．その発表から数か月のうちにカール・シュワルツシルドは孤立した星のまわりの空間が一般相対性理論でどう記述されるかを示しました．残念なことに，彼はその論文が出版される前に，第一次世界大戦で得た病気のため亡くなりました．この「シュワルツシルド解」によると，星から離れたところでは物事はニュートンの古い理論が命じるとおりに進みます．アインシュタインはもちろん，そうなるように気をつけて彼の理論をつくりました．というのは，遠く離れた天体の場合には高い精度で観測と理論が一致しているからです．シュワルツシルド解がニュートンの理論から奇妙なずれを示していくのは，その質量に対して半径が非常に小さい星に対する場合です．このあとすぐに触れるように，このことはその当時も理解されませんでしたが，その後も長い間そうでした．当時その謎解きを急ぐ必要はありませんでした．というのは，そこに現れるシュワルツシルド半径とよばれる特性サイズは星の質量に比例して

いて，太陽質量に対して3キロメートルという小さな値だったからです．言い換えれば，シュワルツシルド半径が天文学にとって意味を持つためには，星が極端に圧縮されている必要があったのです．

　20世紀はじめの頃にはそのようなきわめて高い密度は知られておらず，考察さえされていなかったので，シュワルツシルド解のこの奇妙な性質は何か謎めいたものにとどまり，物理学者の何人かは，この彼らにとっては非物理的な欠点を一般相対性理論から除去しようと試みさえしました．理論自体は停滞しました．なぜなら，実験でも観測でも，理論の予言する極端な現象を調べることができなかったからです．しかし，1950年代後半までには中性子星が存在する可能性が真剣に取り上げられるようになりました．それらの星は，もし存在するなら，シュワルツシルド半径より少し大きい程度の半径を持つでしょう．エディントンが1920年代に皮肉な態度ですでに示していたことですが，簡単な算術を少し行い物理学者たちはこの謎に踏み込んでいきました．それは，シュワルツシルド半径より小さな星の表面から出た光は，シュワルツシルド半径の外にある宇宙にたどり着けないということです．ただし，エディントン自身はそれを物理的に意味にあることとは考えませんでしたが．

　これは有名な公式，$E=mc^2$の最終的な勝利とよべるでしょう．光はエネルギーを持ち，さらに重さを持ち，重力は光の進行を曲げてしまいます．星が十分に高密度だと，重力に

引かれて光は外の世界にたどり着けないのです．崩壊し続ける星という私たちの問題に対して適用すると，この解釈では天文学者たちは何も心配しないでよい，ということになります．光より速く伝わる物理現象は存在しません．したがって，星がひとたびシュワルツシルド半径の内側へと崩壊してしまうと，その様子が外の世界に伝わることはなく，それが外の世界に影響を及ぼすこともありません．崩壊した星がこの半径の内部で何をしようと，外側にいる天文学者の及ぶところではありません．ですから，これは新しくて，まったく変わった種類の星です．これがブラックホールです．そして，星の一生の終わりにたどり着く三つの最終点のうち，3番目がこれです．

　もちろんブラックホールは依然として外部への重力場は保持しており，そのまわりを巡る物体に対して重力を及ぼし続けます．しかし，ブラックホールの重力場には変わった特徴があり，その点で星よりも単純といえます．通常の星の重力場はおもにその質量で決まります．しかし，現実の星は完全な球ではなく，例えばそれが回転していれば，赤道に対して扁平になります．また，もし磁場があればそれは内部の質量分布に複雑な影響を及ぼします．これらすべてがある程度まで星の重力場を変化させ，原理的には，その星のまわりを回る天体の軌道観測などからその変化が検出できます．それゆえ，通常の星の重力場を細かく調べると，実際には複雑でごちゃごちゃしたものなのです．

それに比べると，ブラックホールの重力場は驚くほどに単純です．もちろんそれがおもに質量で決まる点は星と同じです．しかし，それ以外では，崩壊した星が持っていた特徴の中でブラックホールに引き継がれたものはたった一つしかありません．それは星の回転についての「記憶」です（正確にいうと角運動量ですが）．そして，そんなブラックホールのごく近くの軌道を回る物体に対して人も船もすべてを飲み込むと恐れられたノルウェー近海の渦巻き，メイルストロム的な効果を及ぼします．しかし，星が崩壊する前に持っていた他のあらゆる特徴は消えてしまいます．宇宙に存在する個々のブラックホールはすべて各自の質量と回転だけで特徴づけられます．定常回転するブラックホールを記述する一般相対論の式の厳密解は 1963 年にロイ・カーが発見しました．そして，この解は宇宙に存在するすべてのブラックホールを質量と角運動量を表すわずか二つの数字のみで分類して記述しています．チャンドラセカールがこれに対して示した反応を次に掲げましょう．

> 45 年に及ぶ私の科学者としての人生の中で最も衝撃的な経験は，ニュージーランドの数学者ロイ・カーが発見したこと，つまりアインシュタインの一般相対性理論の厳密解が，宇宙に存在する無数の大質量ブラックホールに完全で正確な表現を与えているということを実感したことであった．数学の美しさを追求して得た発見が，自然の中にその完全な複製を見出すという，美しいという以前に身が震えるような，この信じがたい事実は，美こそが人間の精神のその最も深く根源的なレベルで反応する事柄である，と私をして言わしめるのである．

第 5 章　星々が亡くなる日

この驚くべき単純さは実際にはどのようにして生まれるのでしょう？　結局のところ，崩壊してブラックホールをつくることになる星には，カー解が想定する純粋な対称性からのあらゆる種類のずれが存在していたに違いありません．では，なぜそれらがブラックホールの重力場にその痕跡を残さないのでしょう？　その答えはアインシュタインの一般相対性理論が持つもう一つの性質にあります．強くて急速に変化する重力場からはその不規則性が波として周囲に出ていってしまいます．例えば，大質量星の崩壊する中性子中心コアの表面に山があったとしましょう．その山は強い重力波の放射源となります．重力波はその放射源，ここでは山，から重力エネルギーを外に運び去ります．こうして山は急速に平坦化されるのです．このような作用すべてが起こる時間スケールは中心コアがほとんど光速のスピードでシュワルツシルド半径を通過して崩壊する時間です．太陽の数倍質量の中心コアの場合，それは数十マイクロ秒かそこらです．カー解の対称性からのその他の種類のずれに対しても同じことがいえます．こうして，ブラックホールは急速に宇宙の中でも最も単純な天体へとなるのです．

第6章

亡きがらを求めて

　恒星進化論が教えるところでは，星は最後に白色矮星，中性子星，ブラックホールのどれかで終わります．白色矮星が直接に観測できることはすでに見てきました．中性子星はあまりに小さい——表面積が白色矮星の1/100万しかありません——ので温度が同じくらいとすると，暗すぎて見つけることは難しくなります．そして，定義のとおりならブラックホールから光はやってきません．そんな奇妙な天体が本当に存在するのでしょうか？　これから，それらが存在するという圧倒的な証拠を見ていきます．その際に，私たちの周囲の宇宙構造を決めるうえでブラックホールが大きな力を持っていることもわかります．

パルサー

　中性子星が存在するという詳しい証拠が最初に見つかったのは，それとは別の現象を探すために計画された観測からでした．第二次世界大戦後に電波天文学が誕生したはじめの頃には，電波が受信された天体の大部分は遠い銀河でした．それらの天体からの電波は私たちに届く途中で，太陽から噴き

出す薄いガスの流れ（太陽風）を通過し，その影響を受けることがわかりました．このガス流は惑星のまわりにある磁場の効果で簡単に向きを曲げられ，あっちへ行ったりこっちに来たりするのです．これは遠方の銀河を観測する際にはあまり問題にはなりません．なぜかというと，電波を長時間にわたって観測するので惑星間ガスによるこの妨害効果は平均化されてしまうからです．しかし，例えば数秒という非常に短い時間で遠方の天体を検出できるほど高性能な電波望遠鏡の場合，この惑星間空間シンチレーション（天体が電波で瞬く現象）が現れてきます．

　重要なのは，このような短時間変動現象の観測を目的として天文学者が観測を準備したのはこれがはじめてだったことです．天文学は数百万年かけて大きな変化が生じる分野で，惑星の軌道でさえも月や年という単位で測ります．短時間変動観測で，何が見つかるかをいい当てた人はいませんでした．1967年にケンブリッジ大学の大学院生ジョスリン・ベルは，惑星間シンチレーションを観測する装置の出力を調べていて，星と同じように天空上に固定された1点から規則的な電波パルスが毎秒約1回やってくることに気づきました．天空に固定された1点ということは，発信源が地上の物体や惑星ではなく，ずっと遠方の天体であることを意味します．しかし，このように極度に短いタイムスケールの，かつ規則的な現象は前例のないことでした．彼女の発見に刺激されて，一つまた一つとパルスを放つ電波源が発見され，これらの天体はパルサーとよばれるようになりました．その解釈に

はしばらく混乱が生じましたが，やがて明確なイメージが浮かび上がってきました．

　規則性が非常に高い信号をつくり出す最も単純な方法は回転です．あなたがボールの上に点を描き，それを回すと，点が規則的な間隔で現れるのを目にすることでしょう．回転する星の上に斑点があると同じことが生じます．ただし，星の回転スピードには限界があります．星の赤道上で回転による遠心力が星の重力より大きくなったら，星はひずんでしまいます．同じ質量の星同士で比べたとき，このスピード限界は小さな星ほど大きくなります．というのは赤道上での重力が大きくなるからです．こうして，縮まった星ほど斑点がくり返し出現する間隔は短くなります．ジョスリン・ベル天体の1秒周期は，このパルサーが白色矮星よりずっと高い密度を持つことを要求します．多くのパルサーが見つかるにつれ，この限界密度はますます高くなっていきました．ジョスリン・ベルの博士論文指導教官であったアントニー・ヒューイッシュはパルサー発見に対して1974年にノーベル物理学賞を共同受賞しました．

　中性子星という考えは理論的には1930年代以来予想されていましたが，それを知っていた，または思い出せた天文学者はほとんどいませんでした．しかし，パルサーが必要とした高い密度は中性子星への関心をただちによみがえらせました．理論家たちはすぐに中性子星には強い磁場が存在しそうなことに気づきました．というのは，中性子星の密度にまで

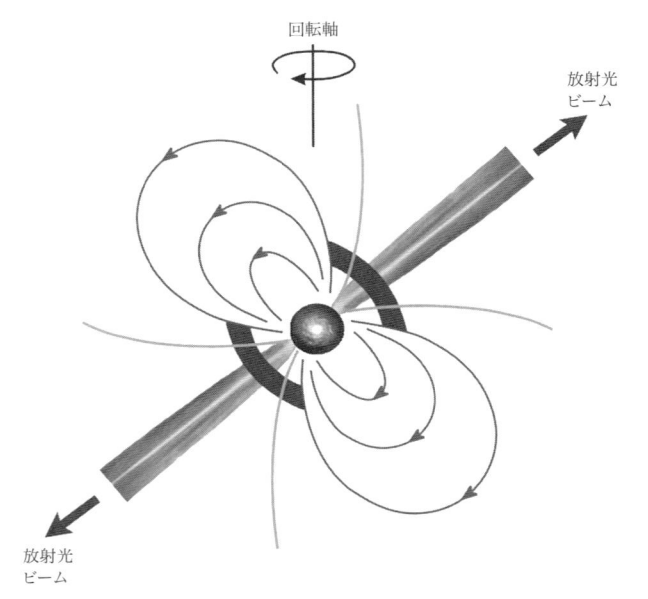

図10 電波パルサーの模式図．中性子星の回転軸に対し，磁場の軸は傾いており，磁力線は磁場軸のまわりに対称的に分布しています．回転と磁力線が結びついて磁極付近に電波ホットスポットをつくり，それが星の自転に伴ってパルス状の電波放射を産み出します．

達するには小さな空間に星を押し込む必要があり，その際に，たとえ弱くても元の星にあった磁場も一緒に押し込まれて極端に増幅されるからです．この強い磁場が高速回転と一緒になると，中性子星上に固定された点から放射される電波ビーム（図10）が生み出されます．このビームが前に述べたボール上の斑点と同じ役割を果たし，パルサーからの電波パルスを説明してくれるのです．また，パルサーは中性子星

であるだけでなく，これまでにないまったく新しい方法で輝いています．それは多くの星のように，内部の核反応から放射エネルギーを賄っているわけではなく，また白色矮星のように，星の内部に残された熱を放射しているのでもありません．パルサーは回転運動をエネルギー源としているのです．

パルサーが放射によりエネルギーを失うと，その回転は遅くなります．すなわち，パルス間の時間が延びるのです．もちろん，この間隔の延びは個々のパルス間隔に比べると極度にゆっくりしており，目の前でパルスの刻みが遅くなるところを見るわけにはいきません．しかし，周期の延びがあるはずとわかれば，それを調べるのは容易です．パルス周期は短いので1日に数千のパルスをためることができます．ですから，数時間でパルスの間隔である周期の平均値を，非常に精密に求めることができるのです．このようにして得た平均周期をもっとあとで決めた平均周期と比べれば，きわめて小さな周期変化であっても検出できます．こうして，パルサーの回転が遅くなっていく速度が測られました．天文学者が見つけたのは，パルサーの回転が遅くなっていくと，回転低下のスピードがだんだんゆっくりとなっていくことでした．つまり，回転の遅いパルサーがその回転速度をある割合，例えば1％伸ばすのにかかる時間は，高速回転パルサーの回転速度が1％伸びるのにかかる時間より長いのです．逆に高速回転パルサーの回転低下速度は大きく，したがってパルスを発信しはじめたのは比較的最近であるに違いありません．いつ開始したかを推定するには，パルス周期を周期伸び率で割ればよいのです．こうして得られる数字はパルサーの年齢に近いはずで

す．

　最初のパルサーが発見された直後に，第二のパルサーが有名な，かに星雲（図 9，p.97）の中心に見つかりました．かに星雲は超新星の残骸です．このパルサーは高速回転（毎秒 30 パルス）しており，推定年齢は非常に短く 1000 年程度でした．中国の天文学者たちは，かに星雲超新星爆発を西暦 1054 年に記録しています．日本でも藤原定家の『明月記』に後冷泉院天喜 2 年に「客星」が出現したという記録が書き記されています．この爆発は天空上に金星と同じくらい明るい輝きを生み出したのですが，西洋ではこの爆発現象は記録から完全に落ちているようです．中国の観測は非常に重要です．というのは，パルサー回転速度低下率から得られる年齢が，中国の観測から得られた実際の年齢と近いことから，パルサーはまさに回転中性子星であり，超新星によって誕生したことに疑いの余地がなくなったからです．論争好きなスイス系アメリカ人天文学者フリッツ・ツィッキーは，1930 年代という早い時期に，中性子星の生まれる場所は超新星であろうと示唆していました．彼はその予言が実証されるのを生前に立ち会うことができましたが，宇宙の物質の大部分は光を発せず，したがって重力を通じてしかその存在を探知する方法はない，彼のもう一つのアイデアが後に立証されたのに立ち会うことはできませんでした．

降　着

　パルサーの発見以前でさえ，中性子星とブラックホールが

これからの物理科学を展望する

パリティ

編集長：大槻義彦
A4変型判・定価（本体1,400円+税）
毎月1日当月号発行

◆米国の物理科学の名誌"Physics Today"との提携により、世界の物理科学の最新動向を知ることができる記事を満載。

◆わが国の物理科学の最新動向を、その分野の第一線の研究者が解説。

◆科学技術の展望と、物理学周辺の技術者・研究者に見逃せない物理科学の話題を提供。

◆かみくだかれた解説により、学生にも読みやすく、専門外の記事でも容易に理解。

◆物理・応用物理学科の大学生・大学院生に役立つ、連載講座などを収載。

◆理科教育、物理教育に関する記事、投稿、読者からの短信、ニュース、Q&Aなど、情報収集の場として役立つ。

データで読む科学の素顔

毎年11月刊行

理科年表

国立天文台 編

丸善出版株式会社

〒101-0051 東京都千代田区神田神保町2-17 神田神保町ビル6階

理科系新書シリーズ
サイエンス・パレット

未来を拓く、たしかな知

新書判・各巻 160～260 頁　各巻定価（1,000 円＋税）

　「サイエンス・パレット」は、高校レベルの基礎知識で読みこなすことができ、大学生の教養として、また大人の学びなおしとして、たしかな知を提供します。

　一人ひとりが多様な学問の考え方を知り、これまで積み重ねられてきた知の蓄積に触れ、科学の広がりと奥行きを感じることができる——そのような魅力あるラインナップを、オックスフォード大学出版局の "Very Short Introductions" シリーズ（350 以上のタイトルをもち、世界 40 ヶ国語以上の言語で翻訳出版）の翻訳と、書き下ろしタイトルの両面から展開します。

◎シリーズのラインナップは "丸善出版" ホームページをご覧ください。

丸善出版株式会社

〒101-0051 東京都千代田区神田神保町 2-17 神田神保町ビル 6 階
営業部 TEL(03)3512-3256　FAX(03)3512-3270　http://pub.maruzen.co.jp/

実際に存在するという考えは,もっと基本的な別の方面から広まりつつありました.それは,天体表面近くでの強い重力場です.もし中性子星からある程度離れたところで物質を静かに離して落下させると,その物質が中性子星表面に達するときには,強い重力のために落下速度は光速の1/3になっています.表面にぶつかった物質はそのすべての運動エネルギーを放射というかたちで解放します.わずか1キログラムの物質を中性子星に落としただけで,10^{16}ジュールという莫大なエネルギーが発生します.これは同じ量の水素が核燃焼でヘリウムに変わる際に出るエネルギーの20〜30倍になるのです.

宇宙には中性子星表面にガスが落ちていく仕組みが用意されています.大質量の星はたいていもう一つの星と連星を組んで,たがいのまわりを回っています.もし片方が普通星で,もう一方が中性子星という連星があって,しかも星同士の間隔が小さいと,普通星のほうから中性子星へとガスが流れ落ちることがあります.詳しい話はあとにして,ここではガスが落下する様子をていねいに調べましょう.

普通星のまわりでも中性子星に向いたあたりは引力が最も強くなりますから,ガスが流れ落ちるのがその付近からになるのはごく自然なことです.しかし,普通星は中性子星とたがいに回る軌道運動をしていますから,普通星から離れるガス自体もやはり軌道運動をします.ガス粒子1個が単独で中性子星へと落ちていくとしたら,この粒子は中性子星のすぐ

そばを通る楕円軌道に乗るでしょう．しかし，中性子星はとても小さいのでガス粒子は表面を直撃できず，いつまでも楕円軌道を回り続けます．しかし，実際にはわずか1個の粒子が落下することはなく，多数の粒子が流れをなして同じ軌道上にひしめき合います．この流れ自体は中性子星には衝突しません．しかし，流れが中性子星をひと回りして元の普通星へと戻るときに，流れの先端は普通星を離れたばかりの流れの末尾に衝突します．この衝突の結果，軌道運動が持つ大きな運動エネルギーが熱に変わり，宇宙空間へ放射されます．

　しかし，この種の内部衝突では中性子星のまわりのガス回転運動を止めることはできません．そのようなことが生じるのはたがいに逆向きに回る等質量のガスが正面衝突した場合だけです．そのようなわけで，内部衝突を経過したガス流は中性子星のまわりの円軌道に落ち着きます．ガス内部のエネルギー散逸効果は，今度は流れを連星軌道面上，中性子星を取り巻く円盤へと変化させます．この円盤内部では大部分のガスは，回転運動をしながらゆっくりと円盤内側へと向かいます．これは粒子を中性星に近づけ，ガスが重力エネルギーを失うことを意味します．失われた重力エネルギーが向かう先はただ一つしかありません．重力エネルギーは散逸して熱となり，続いてガス円盤の両面から宇宙空間へと放射されるのです．ガスが中性子星の表面にたどり着くまでに，放射としてガスが失う重力エネルギーは，ガスがまっすぐ中性子星に落ちた場合に失うエネルギーと比べるとちょうど半分になります．半分といえどもそれは莫大な量です．残りの半分は

回転運動へ向かいます．第2章に出てきたビリアル定理が述べているように，ガスが内側に移るに連れて回転スピードはどんどんと速くなっていきます．ガスが中性子星に到達し，星の一部となるときにはそれが持っていた運動エネルギーもまた放射に変わります．

　内側に渦巻きながら落ち込んでいくガスからなる円盤を，天文学者は降着円盤とよびます．というのは，円盤ガスが降り積もること（図11）によって，中性子星は徐々に質量を

図 11 降着円盤の模式図．X線連星中のコンパクト星，中性子星，またはブラックホールの重力により，伴星からガスが引き込まれています．ガスはコンパクト星表面に直接落ちず，円盤状に集まってそのまわりをぐるぐると回りながらゆっくりと内側に引き込まれていきます．その結果，重力エネルギーが解放され，円盤を輝かせ，X線を産み出します．

第6章　亡きがらを求めて

増やしていくからです．中性子星のようにとても小さな体積内に詰め込まれた天体にガスが降りそそぐ際には，このようにいつでも円盤が現れます．落ち込んでくるガスは，つねに何らかの大きさの回転をしているからです．同じ質量なら中性子星よりさらに小さいブラックホールへガスが降着する場合にも，当然円盤が出現します．ブラックホールを観測することは不可能に思えますが，円盤は天文学者がこの難問を解く手掛かりになるかもしれません．というのは，もし前の段落の文中にある「中性子星」を「ブラックホール」という言葉で置き換えても，変えなければいけないのは落ち込むガスが円盤の中央に達したときに何が起こるかという点だけだからです．ガスは中性子星の硬い表面に衝突する代わりに，ただブラックホールに飲み込まれるのです．思い出してほしいのですが，そこまでに得られたガスの重力エネルギーのうち半分はすでに放射として外に出ています．これは莫大な量です．実際，同じ質量の中性子星と比べるとブラックホールのほうがその半径が小さいので，ガスを重力場のより深いところまで落下させることができ，結果この半分の放出エネルギーは中性子星のときよりも大きくなります．このように，降着質量をエネルギーに変換する効率という観点からはブラックホールと中性子星は同じくらいで，キログラムあたり10^{16}ジュール程度です．降着ブラックホールは降着中性子星と同じ方法で検出可能に違いありません．

　天文学者たちはこれらのシステムをどのように探すのでしょう？　ほんの少しのガスで大量の光を生み出せるので，こ

れはもちろん非常に明るい天体です．しかし，星と同様に放出できる光の量には限界があります．第3章で星の明るさはエディントン限界を超えることはできないと述べました．明るさがこの限界値に達すると星の表面で光の圧力が星の重力とつり合い，光の放射がそれよりちょっとでも多くなると星本体からガスを吹き飛ばしてしまいます．同じような限界が降着にも存在します．降着ガスが多くなり，あまりにも大きなエネルギーが発生するようになると，光の圧力が降り積もろうとする余分なガスを吹き飛ばしてしまい，放射される光の量を限界値以下に保ちます．核反応が明るさの源である球対称な形の星に比べると，降着星の場合にはもっと複雑な仕組みになっています．しかし，おおざっぱにいえば降着星は同じエディントン限界に従い，普通星と同様に降着星の明るさにはその質量に応じた最大光度があります．

では，明るさだけで中性子星やブラックホールをふつうの核融合星と区別して拾い出すことができないなら，何が決め手になるのでしょう？　その答えは「サイズ」です．降着星の明るさは，たんにその質量が大きいということではなく，そのサイズが極端に小さいために落下の途中，天体表面で止められることなく重力井戸の奥深くまで到達し，莫大な重力エネルギーを解放できることが原因なのです．しかし，これは非常に狭い領域から大きなエネルギーが放出されることを意味します．太陽の半径が70万キロメートルであるのに対し，中性子星はわずか10キロメートルしかありません．これを可能にするのは非常に高い表面温度です．太陽表面温度

がだいたい 6000 度であるのに対し，通常の中性子星では 1000 万度に達するのです．降着円盤の内側の温度も同じくらいのはずで，その表面積は中性子星のそれと同程度ですから，ここからも星表面と同じくらいの光が放射されます．このように，高温の表面からは太陽のような普通星よりずっと短波長の光が出るのです．普通星はおもに可視光で輝いていますが，中性子星とそのまわりの降着円盤からはもっと高エネルギーの光が放射されます．降着中性子星とブラックホールは X 線を放ちます．

1960 年代まで天文学者は空を X 線で眺めて見ようとはしませんでした．地球大気による X 線の吸収がたいへん強く，観測への大きな障害であったからです．X 線を検出するには装置を大気の上に上げる必要があります．これは，気球，ロケット，何よりよいのは人工衛星，の使用を意味します．X 線天文学がはじめて動き出したのは，1960 年代に宇宙競争の結果，科学衛星の打ち上げが比較的容易に行われるようになってからです．その効果は劇的でした．当時知られていた唯一の X 線源，太陽コロナ，よりもはるかに明るい X 線星が何百も見つかったのです．しかし，検出された明るさだけでは，星が放出するエネルギー量はわかりません．それは本当に明るくてかなり遠方にある天体かもしれませんが，割に暗くても，たまたま私たちの近くにあるために明るく見えるのかもしれません．これまで見てきたように，天文学者は星に対して，どのくらいの距離にあるのかの感性がはたらきます．そこで，X 線星が発見されると，天文学者たちはそ

の星の場所に可視光で見える星がないかを探しました．これは口でいうほどやさしい仕事ではありません．というのは，初期のX線検出器では星の位置を十分な精度で決められなかったからです．ただ，X線星はしばしば変光を示しました．変光というのは明るさが変化することです．X線星は小さいサイズなので，非常に短い時間で明るさが大きく変化します．もしX線星推定位置の近くにある星の一つが可視光でもX線と同様の変光を示すならば，この星はX線星と同じかまたは関係の深い天体であり，とくに同じ距離にある可能性がきわめて高いといえましょう．

　このような方法，またその他いろいろな手法を用いて，天文学者はいまやX線星がどのくらいの距離にあり，真の明るさがどの程度かを知ることができます．X線星は二つのグループに分かれます．初期の頃に発見されたのはすべて大質量X線連星でした．これらは非常に青い伴星からのガスが中性子星に降着している天体です．これらの青い星は質量が大きくて明るく，可視光では中性子星やブラックホールからの光を圧倒しています．中性子星やブラックホールはX線でのみ検出可能なのです．

　多くの場合，X線での明るさはだいたい太陽質量の星のエディントン限界値に近く，これはX線星が中性子星かブラックホールである場合に私たちが予想する大きさです．これら大質量星系のいくつかからは降着星が実際に中性子星であるという強い証拠が得られました．というのは，それらのX

線強度が数秒の周期で完全に規則的な変動をくり返しているからです．これがパルサーからの電波とあまりにもよく似ているので，これらのＸ線星もやはり強い磁場を持つ中性子星であろうと考えるのは自然なことです．唯一の違いはパルス放射をするＸ線星のエネルギー源が降着であって，回転ではないということです．これらの星がパルス性の放射を行うことを説明するには，パルサーの場合に想定した電波放射点の代わりに，中性子星表面に降着点を考える必要があります．中性子星が持つと予想される強い磁場が，今回も明らかにその解答を与えてくれます．磁場はあまりにも強いので，降着ガスはその磁力線を横切ることができず，磁力線に沿って落ちていき，ついには中性子星の磁極付近に落下して降着点を形成して，パルス性放射を引き起こします．

　天の川銀河内Ｘ線星の第二グループは，小質量Ｘ線連星です．この連星系では伴星は赤い星で，質量は低いに違いありません．それらのどれもパルス性放射を示しませんが，その多くには新しい特徴が見られます．数時間から数か月の間のどの間隔ででも，それらは非常に激しいＸ線バーストを起こします．その間，明るさは急激にエディントン限界まで上昇し，それから減衰していきます．各バーストのＸ線スペクトルは1000万度という高温の天体からのスペクトルと似ています．バーストが減衰していくにつれ温度も低下していきます．高温天体の温度Tと光度Lがわかると，光を放射している面の大きさAは，$A=L/\sigma T^4$という関係から計算できます．バーストが減衰している間もこの面積Aは数百

平方キロメートルという一定値を保ちます．この面積は，半径 10 キロメートルの球体である中性子星の表面積とちょうど一致します．つまり，何かが中性子星表面を急激に加熱しているのです．これは，バーストが何か新しいエネルギー源を持つことを物語ります．これまで私たちは，X 線はすべて降着で発生すると考えてきましたが，それは物質が光を放射する最も効率的な方法が降着だからです．

　しかし，中性子星表面の物理条件は核反応には絶好です．もしも核反応がつねに起こっているなら，それは X 線の明るさをほんの少し，数パーセント増加させるにとどまり，気がつかれもしないでしょう．しかし，もしも前回バーストのあとに降着してきた物質すべてが短いバースト内に反応を起こすなら，これは降着による定常的な X 線強度を上回ることが可能です．実際に起こっていることは，降着してきた水素ガスは定常的に核反応（燃焼）していて目につきませんが，ヘリウム燃焼は間欠的で私たちが目にするバーストを引き起こしているようです．X 線星の著しい特徴は，パルス性天体はバーストを起こさず，バーストを起こす星はパルス性放射を示さないことです．おそらく，パルス性天体に存在する強い磁場が核反応の暴走を阻止しているのでしょう．

ブラックホール

　これまで本章では，ブラックホールはたんに X 線星の候補として現れただけでした．ブラックホールはパルス放射もバーストも示さないのは明らかです．というのは，パルスに

は強力な磁場が必要ですし，バーストには硬い表面が必要だからです．しかし，それだけではブラックホールと言い切るには不十分です．磁場の弱い中性子星がパルス放射をする理由はありませんし，またバーストは特殊な環境下でのみ発生するからです．ですから，問題はパルスもバーストも示さないX線星の中から，どうやってブラックホールをすくい上げるかなのです．天体を区別するためにあと残されたただ一つの特性は質量です．前章で見ましたが，中性子星は白色矮星と同じようにある質量より上では存在できません．中性子星の場合，この上限質量は白色矮星ほど精度よくは決まっていません．というのは，核物理の特性のために圧力と密度の関係式がたいへん複雑になっているからです．しかし，核物理の特性がどうであれ，簡単な推論の結果，最大質量は太陽の3倍よりずっと大きくはないことがわかります．こうして，天文学者たちはブラックホールを他のX線星と区別する比較的簡単な方法を手に入れました．もしも降着星の質量が測れて，それが太陽の3倍より大きかったらその星はブラックホールに違いありません．

　これはたいへんよさそうに聞こえます．でも，いったいどうやって降着星の質量を測ったらよいでしょう？　具合のよいことにX線星はすべて連星系に属しています．第1章で学んだように，伴星を軌道上で振り回す速度を知れば，その質量を測ることができます．そのためには，伴星のスペクトルをとり，その時間変化を見る必要があります．そして，ドップラー効果から速度に関する情報，つまり視線方向に沿っ

て近づいたり遠ざかったりする運動，が得られます．第1章で学んだように，この運動はX線星の質量に対し信頼度がきわめて高い下限値を与えます．

　これまでのところ，話はまったく単純に聞こえます．しかし，ここには大きな落とし穴があるのです．X線連星は遠方の天体なので，望遠鏡の中では一つの星にしか見えません．伴星を分離して，そのスペクトルだけを取り出すわけにはいきません．さらにまずいことに，X線星は降着円盤に取り囲まれており，それが大量の可視光を放射しています．多くの場合，この円盤光は伴星の弱いスペクトル光を圧倒し，伴星速度を測ってX線星の質量を決めることを不可能にするのです．

　幸いなことに，天文学者が比較的容易に速度が測れるように，自然は特殊なX線連星を用意してくれました．それらはトランジェント型天体とよばれています．この連星系は生涯のほとんどを，まったくX線を放射せずに過ごします．しかし，時々X線を放射し，しかもきわめて明るく輝き，それらが実際に中性子星かブラックホールを含む連星系であることを示しています．そして，ふたたびX線で暗くなってしまいます．いまではこの一見気まぐれな振る舞いは，X線星を取り囲む降着円盤が時折不安定になるためであることがわかっています．たいていのときには，伴星から降ってくるガスはこの円盤に静かに降着して，中心にある中性子星またはブラックホールに近寄りもしません．重力場の深みに落ち

るガスが少ないため，円盤は冷たくて暗いままです．しかし，いつかは円盤の静かな状態が崩れます．それは熱くなり，それとともに突然大量のガスを内側に落下させ，大量のX線を産み出します．X線は円盤を加熱し，さらに多くのガスを落下させ，全体をいっそう明るく輝かせるのです．このような熱暴走は永遠に続くわけにはいきません．中心星へ落下していくガスの量は伴星から供給される量を上回るので，ついには円盤に残るガスが尽きてしまいます．そんなことが起こる以前に円盤が冷えて，中心へのガス降着を止めてしまうこともあり得ます．円盤にたまっていたガスの量が多いと，この暴走状態は数か月から数年という長期間にわたり継続することもあります．一方，暗くて静かな時期は数十年からもっと長期間続きます．これは，伴星からのガスはゆっくりと円盤にたまるからです．もし天文学者がこれまでに円盤の暴走に出合わなかったら，静かな状態の円盤は暗すぎて決して発見されることはないでしょう．これまでに暴走が観測されず，したがってこれから何十年，場合によっては何百年もの間，暴走がはじまるまでは未発見のままになる降着円盤系がまだ多数眠っているに違いありません．

　このような明るい時期と暗い時期との交替は，降着星の質量を求めるには最適です．明るいX線期は，天文学者にこの連星の片割れは中性子星か，またはブラックホールであることを教えてくれます．X線が消えると，その場所には可視光の暗い伴星が残されます．この星のスペクトルを何度も撮ると，ドップラーシフトのくり返しから軌道の公転周期を決

めることができます．周期と視線速度の変動幅とから，以前に述べたとおり，降着星の質量に対して絶対安全な下限値が得られます．この安全値が太陽の 3 倍以上である系がこれまでに半ダース以上見つかっています．この値で存在可能な天体はブラックホールだけです．もし，視線方向と連星軌道面との角度と伴星の質量にもっともらしい推定値を使えば，上のリストはもっと長くなり，20 以上の系にブラックホールが存在するとみなせます．連星にあるブラックホールの質量はどうやら太陽の 20〜30 倍まで，もしくはそれ以上の大きさまでのどの値でも取り得るようです．

　それは，普通星と同じくらいの質量を持つブラックホールが存在するという圧倒的な証拠となります．星の進化の最後は次の三つのうちのどれかで，どれも非常に小さく圧縮された形状をとります．それらは，白色矮星，中性子星，ブラックホールです．星がその一生を開始するときに持っていた質量が，その最後の姿を定めます．第 5 章で，太陽の 7 倍より小さい星は，白色矮星としてその一生を終えることを知りました．それより大きな星は，中性子星かブラックホールとして最後を迎えますが，いまのところ，そのどちらになるかの境界値ははっきりとはわかっていません．単純な考え方として，ブラックホールは中性子星よりも重い星から生まれると期待され，それはおおまかには正しいようです．しかし，星のコアの崩壊現象は非常に複雑で，このことさえ確実ではありません．

連星の進化

　ここで，この章の最初のあたりで後ろに回した大事な疑問に戻らなくてはなりません．私たちが知る限りすべての恒星質量ブラックホール，および中性子星の多くは連星系——二つの星がたがいに回る系——の中に発見されています．これらの珍しい天体が見えるのは伴星からのガスが降着していく場合に限られます．では，この現象はどのようにして起こるのでしょうか？　通常，連星系の開始は同時期に生まれた二つの主系列星が組になったときです．その例外については次章で述べます．長い間，それぞれの星はおたがい無関係に水素を燃やしていきます．ついには，質量の大きいほうの星（この先，重い星とよびます）が先に主系列から脱出します．私たちがすでに知っているように，これは星のコアが収縮し，エンベロープが膨張して，巨星となることを意味します．連星の間隔がとても大きい場合を除き，巨星の膨張エンベロープはたちまちのうちに伴星に近づいていきます．いまやエンベロープははじめて伴星の重力を感じ，そのガスは伴星のほうへと流れていきます．通常は伴星は十分に大きく，本章の前半で論じたような降着円盤を形成する前に，ガスは伴星表面にぶつかって飲み込まれてしまいます．

　ここで，三つの出来事が同時に起きます．第一に，質量を失っていく星はその状況に適応する必要があります．その星は内部構造を調節し，いまでは前より少しゆっくりと進化し，たぶん半径を少し直さなければいけません．第二に，伴星は質量が増え，内部の熱核反応の速度を少し上げ，半径を

直す調節が必要となります．最後に，連星系全体も再調整が必要となります．なぜでしょう？　それは，ガスが移動した結果，大きい星は質量が減り，小さい星は質量が増えたからです．大きい星のほうが小さい星より連星の質量中心位置に近いので，大きい星から小さい星へと質量が移動すると公転半径の小さい軌道から大きい軌道へと質量が移ることになります．もしそれ以外の条件が何も変わらなかったら，これは連星系全体の角運動量，つまり回転の量が増加したことを意味します．しかし，そんなことは起こり得ません！　連星系は孤立しているので角運動量を獲得する道はないのです．このパラドックスを回避する唯一の道は，移動したガスの回転に必要な角運動量を残りの系全体で補うことです．これはすなわち二つの星の中心同士の間隔，相互距離が縮小するということです．

　いまや何が起こるか，あなたにも容易におわかりでしょう．連星のサイズが縮むことはさらに多くのガスが移動していくことにつながり，すると連星はいっそう縮み，より多くのガスを移動させ……この正のフィードバックの結果，このような系では質量の移動がきわめて急速に生じ，星が明るく輝くことがあります．まったく同じ議論が逆の状況にも適用できます．連星系の小さい星から大きい星へ質量が移ると星の相互距離は拡大します．この場合，移動したガスは系の質量中心に近いほうの星に落ち着きますから，連星系全体の角運動量を一定に保つため，連星系は膨張するのです．星同士をこのように引き離す作用は質量移動を中断する方向にはた

らくはずです．それにもかかわらず，白色矮星が小質量主系列星からガスを供給されるケースのように，小質量星側から大質量星へ長期間にわたって問題なく質量が移されていく連星は多数存在します．連星から角運動量を抜き取る何らかの仕組みがあるに違いありません．それは何でしょう？

　それにはいくつかの方法が考えられます．しかし，そのうちの一つはとくに大事です．もし星同士が十分に接近していて公転周期が2時間かそれ以下だとしたら，星は毎秒数百キロメートルという猛スピードで公転軌道上を回ります．アインシュタインの一般相対性理論によれば，大きな質量を持つ物体が高速で公転すると重力波を発生します．重力波は時空に立つさざ波で，連星軌道からエネルギーを運び去り，連星系を収縮させます．ここで考えている連星の公転周期では，エネルギーのロスが約100億年の宇宙年齢に比べかなり短い時間のうちに起こり，連星の間隔を縮小させてしまいます．縮小は連星系内に伴星が占める余地が少なくなっていくことを意味します．そのため，否応なしに二つの星は接近し，主系列星の重力では降着星に近い側のガスを引き止めておけなくなります．こうして，上に述べた連星系では，小質量主系列星から白色矮星へと重力波が角運動量を運び去る速度に合わせてガスが転送されます．このスピードは核反応による伴星の進化スピードよりも速いので，伴星での核反応による恒星進化は無視できます．転送されたガスは白色矮星のまわりに降着円盤を形成します．この円盤は大きな質量をため込むことはできません．したがって，移送されたガスは最終的に

はすべて白色矮星へと巻き込まれて落ちていき，その過程で重力エネルギーを光に変えて放射していくのです．この過程の進行速度は天文学者が観測したこれらの天体の降着円盤の明るさを説明するのにだいたい合っていました．

　これらすべては連星の進化が複雑に入り組んでいることを示しています．質量がどちらからどちらへ移るかで連星系が拡大したり縮小したりするだけでなく，星自体が進化し，それは星の膨張を意味し，連星系から角運動量が失われると系は縮小していきます．星の進化スピードはその質量で変わりますが，その質量自体が変化していくのです．その結果，ときには質量の小さいほうの星が核反応進化では進んだ段階にあるという一見矛盾した現象に直面することもあります．さまざまな効果のうちのどれが大きく影響するかは，最終的には連星系の進化が開始されたときの二つの星のそれぞれの質量と相互間距離で決まります．ですから，連星系が多彩な様相を見せているのは当然なのです．

　これだけではまだ足りないというかのように，大質量星を含んだ連星系では星の片方または両方が超新星爆発という致命的な事態に直面します．コア崩壊型超新星では，連星系総質量のかなりの割合が突然吹き飛んでしまいます．この割合が半分を超えていて，爆発があらゆる方向に等方的であったなら，連星系の重力による結合は切れざるを得ません．突然の質量消滅は連星系内の二つの星——伴星と超新星の崩壊コア——に質量変化に伴う速度の調節を行う時間を与えま

せん．残された連星内の引力では，以前の引力とつり合っていたスピードを持つ星をつなぎ止めておくことはできません．こうして，二つの星は別々の方向へ飛んでいきます．

これはかなり心配な状況です．なぜなら，中性子星は明らかに，そしてブラックホールもかなり確実に，超新星爆発で生まれる天体なのに，上の話はそれらの天体が連星系にとどまるのはまったく困難であるといっているからです．それでも，星質量のブラックホールを見ていると，私たちが確信を持っていえる場所は連星だけです．そして，中性子星を含む連星はたくさんあります．ですから，少なくともいくつかの連星系は明らかに超新星爆発を生き延びる方法を知っていたのです．

これまでの観測から，連星系進化の早い時期に質量の交換が行われ，現在質量の小さいほうの星が恒星進化ではより進んだ段階に位置する場合があることがわかりました．この事実に基づいて推論を進めましょう．通常は質量の大きな星が先に超新星爆発を起こしますが，上に述べた連星系ではこの順番が逆になることがあります．そうすると何がよいのでしょう？　連星が切り離されるのは，系全体の半分以上の質量が失われたときであることを思い出してください．もし質量の大きいほうの星が爆発し，その質量の多くを失ったら，連星総質量の半分という致命的な値に達するかもしれません．しかし，もしも連星がそれ以前に質量交換を行っていて，超新星爆発が質量の小さいほうで起こったら，失われる質量は

全体の半分以下にとどまることは確かです．このような連星は結びついたままにとどまります．これが大質量X線連星に起こったことに違いありません．当初質量がより大きかった星は巨星サイズに膨張し，そのエンベロープを質量の小さいほうの伴星に移し，質量比を逆転させます．巨星のコアは核反応による進化を進行させ，ついには超新星爆発を起こします．しかしこの爆発で吹き飛ぶ質量は比較的少なく，連星はそのまま残ります．質量が増した伴星はいまやきわめて明るく輝くようになります．このように明るい星では膨大な量のガスを宇宙空間にまき散らします．それは星風といって，放射光の力でガスが星の表面から噴き出されるからです．コンパクト星はこの風の中を公転するちっぽけな星にすぎません．これが立派なX線星に変わるには星風のほんの一部を捕えるだけでよく，これで大質量X線連星ができ上がります．

　天文学者たちは小質量X線連星というものも観測しています．そこでは超新星の残骸である中性子星またはブラックホール自体の質量が伴星を上回ります．超新星爆発の前にはこの質量比はもっと大きかったに違いありません．したがって爆発により，127ページでも述べた，連星のつながりを切り離すことになる，全体の半分を超す質量が吹き飛ばされたことはほぼ確実です．では，連星はどうやって生き延びたのでしょう？

　その解答は「めったにない幸運」です．天文学者が現在見

ている小質量X線連星は危険に満ちた過去を潜り抜けた，あり得ないほどの運に恵まれた生存者なのです．それがどのくらいかというと，私は思い出すのですが，ある研究会で小質量X線連星の進化について，発表しようとした人を紹介する際に，座長は「これはとてもあり得ない話というべきだろうが」という言葉を使ったのです．

　ここでの幸運とは，超新星が全方向で完全に等方的には爆発しないことのようです．等方的でないことの中には，吹き飛ばされる質量や速度が含まれます．この非対称性はすなわち，将来に中性子星やブラックホールとなる超新星のコアが，爆発力の総計とは反対方向に押しやられることを意味します．これは，ちょうどロケットがその噴射ガスと反対方向に飛んでいくのと同じです．まったくの偶然で，ときにはこの反発力がそのとき伴星が軌道上を動いていたちょうどその方向にそろうことがあります．たいていの場合は，連星系は壊れて二つの星はたがいに別れ，高速で飛び去っていくのですが，ただ非常にまれに中性子星またはブラックホールが伴星のあとを追いかけ，連星がつながったままでいることがあります．その自然な結果として，このような連星系は母銀河の中を高速の軌道で運動します．そして，それはまさに，小質量X線連星で観測される特性なのです．

　ここまでの最後の数段落から，大質量X線連星は連星進化の自然な結果ですが，小質量X線連星は非常に珍しい変種の天体であることがわかります．そうであるならと，あな

たは想像するかもしれません．大質量X線連星の数は小質量X線連星よりずっと多いだろうと．ところが，天の川銀河で見つかるこれら2種類の連星系の数はほぼ同じなのです．この謎を解く鍵は大質量系の寿命は小質量系に比べるとはるかに短いことにあります．後者は，角運動量を失ったり，あるいは伴星が小質量巨星としてゆっくり膨張するために安定的に質量を移動するので，静かな生活を送ります．これに反し，大質量連星は華やかであるが短い生涯を送ります．わずか数十万年で大質量の伴星はかなり急速に膨張し，系全体をガスで満たしてしまいます．あまりに大量のガスのためX線は連星系の外に漏れ出ることができなくなり，もはやその連星を大質量X線連星として認識することが不可能になるのです．

終点：星のリサイクル

さて，これら2種類の系，大質量X線連星と小質量X線連星には最後に何が起こるのでしょう？　伴星が巨星となり膨張したために質量移動が起こっている小質量連星を考えてみましょう．この場合，主星は中子性星かブラックホールのどちらかですから，ひとまとめにコンパクト星とよぶことにします．ふつうは白色矮星，中性子星，およびブラックホールの三つをまとめてコンパクト星とよびますが，X線連星の主星からは白色矮星が除かれるので，本書では中性子星とブラックホールをそうよぶので注意してください．これまで見てきたように，伴星は主星であるコンパクト星の質量より軽いので，物事は静かに進行します．伴星は小質量白色矮星で

あるコアのまわりに水素燃焼シェルを持っています．その燃え殻のヘリウムがコアに降り積もるにつれ，コアは成長していき，赤色巨星のエンベロープは膨張します．その結果コンパクト星への質量移動が引き起こされ，それに歩調を合わせて連星のサイズが拡大していきます．なぜなら，質量の小さい側から大きい側へ質量移動が起こっているからです．このような系は通常，最後にはコンパクト星と伴星のコアであった白色矮星とが相互距離の大きな連星を形成します．もしコンパクト星がブラックホールだった場合には，このような系を観測することはほぼ不可能です．というのは，それを明るく輝かせる降着は起こらないし，これらの系が通常見つかる距離ではもう一方の星，白色矮星，は暗すぎるからです．しかし，もしコンパクト星が中性子星ならばたいへん面白いことが起こります．とても多くの場合に，この中性子星は電波パルサーとして現れます．そして，これだけでなく，これらのパルサーの回転はきわめて高速で，わずか数ミリ秒という周期で回転しているのです．

そんなことがどうして生じるのでしょう？　私たちは中性子星が巨星である伴星からの質量を降着しているところから出発しました．パルサーとして終わるには，中性子星は何らかの種類の磁場を保有していなければいけません．また，この天体は以前にはパルス性X線パルサーであったに違いありません．それらは多数観測されており，その回転周期は典型的には数秒かもっと長く，決して数ミリ秒ではありません．さまざまな議論や観測から，その磁場の強度はきわめて

強く，磁石の針を北に向かせる地球磁場の約 10^{12} 倍もあります．そのように強い磁場では中性子星に降着するガスは，星の表面から遠く離れたところでも磁場に支配されます．ガスは磁力線を横切ることはできず，磁力線に沿って上がったり下がったりするのです．わずか数ミリ秒の回転周期ではこのガスは磁場によってあまりに速く振り回され，遠心力で放り出されます．重力はそれらを引き留めておくには弱すぎます．そこには降着はなく，パルス性X線源もありません．強力な磁場と高速回転の組み合わせは降着中性子星とは両立しないのです．ですから，これら軌道半径の大きな連星中の電波パルサーに見られるミリ秒周期が意味するのは，最初に降着がはじまった頃に比べると，その磁場がいまでは 1/1000 くらいにまで弱くなっているということです．

いまだにわかっていない何らかの過程が磁場を減衰させたのです．それはおそらく，まだガスが降り積もってX線を放射していた時期のいつかに起こったのでしょう．磁場が弱くなり，ガスによって横に押しのけられて，ガスは星の表面に直接到達するようになりました．その結果，中性子星は回転エネルギーをガスから受け取ります．回転は将来，中性子星が電波パルサーとして現れるのに不可欠のものです．ただし，天文学者が観測する電波パルスが出現するのはもちろん降着がすべて終了してからです．このようにして，回転エネルギーを得たパルサーを天文学者はリサイクルされたパルサーとよびます．それらの天体の磁場はとても弱いので，リサイクルミリ秒パルサーは放射に際して回転エネルギーのほん

のわずかしか失いません．そのパルス周期はどれほど長く観測を続けてもほとんど不変で，実際のところ原子時計よりも精度の高い時間計測装置となっています．

終点：最も明るい連星

　リサイクルされたパルサーは，コンパクト降着星の質量が伴星よりも大きい連星の典型的な最終形態です．大質量の連星系では何が起こるのでしょう？　X線連星の時期に，明るい大質量伴星は大量のガスを空間に吹き飛ばしていました．中性子星またはブラックホールはそのうちほんの一部を摘み取っただけなので，連星が収縮するような傾向は見られません．実際のところ，質量が失われて二つの星を結びつける重力が弱くなるので連星は少し広がるのです．しかし，短時間のうちに伴星は進化して超巨星となり，半径を広げてコンパクト星の重力が伴星の外層部から直接にガスを捕獲できるようになります．質量が失われる代わりに連星内で移動することになったのは，連星系にとっては危険な状況です．重い星から軽い星（中性子星やブラックホール）へと質量が移ると連星系は，収縮してさらに質量移動を盛んにしてしまうことを以前に見ました．この正のフィードバックによりそそぎ込まれるガスの量が巨大になり，X線を封じ込めてしまい，大質量X線連星としての連星系の生涯を終わらせてしまうのです．

　正のフィードバックは星がそれについていけなくなった時点で終了します．質量を失ううちに，ついには星は収縮しは

じめ，星同士が近づいてももはやガスの注入がいっそう増すようなことは起こらなくなります．星の収縮が連星系の収縮と同じ割合で進むようになると物事は安定になります．しかし，そうなっても質量交換のスピードは莫大で，もしそれが続いたら数十万年で伴星をすべて移動してしまうほどです．これはコンパクト星が受け入れられる量をはるかに超えていて，エディントン限界値の数千倍になります．

　天文学者たちはたぶん，このタイプの系ではないかと思われる例を一つ知っています．それはSS 433とよばれ，奇妙なことに明るいX線星ではありません．この星の最も壮麗な特徴はたがいに反対の方向に飛び出す2本のガスのジェットです（図12）．このジェットは163日の周期で空間固定軸

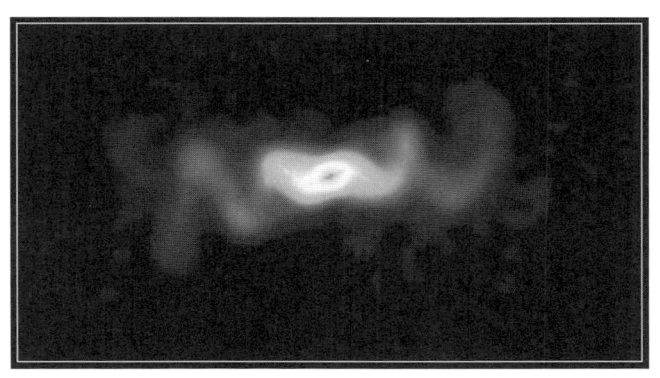

図12 連星系SS 433電波ジェットの歳差運動．ジェットは中心にあるブラックホールまたは中性子星へのガス降着によって形成されますが，空間中で歳差運動をしながら飛び出していくため，天空上に栓抜き状の模様をつくり出します．

のまわりに歳差運動を行っています．電波天文学者たちはこのジェットの姿を実際に見ることに成功しました．ジェットからはスペクトル線が放射され，そのドップラーシフトは2本のジェットが歳差運動するにつれて行ったり来たりします．これらのシフトから天文学者はジェットの角度と速度を分離しました．ジェットは空間の固定軸に対し23度の角度で歳差運動し，固定軸自体は視線方向と79度傾いて，つまりほとんど天球上に横たわっています．スペクトル輝線は水素輝線の特徴を備えていますが，ジェット内のガス速度が大きいため，非常に大きな赤方偏移と青方偏移を被っています．ガスは光速の約1/4の速度で飛び出しています．この速度は，中性子星またはブラックホールへの降着が起こっていることを強く示唆します．なぜなら，一般に放出流の速度は星への落下速度とだいたい一致するからです．SS 433のもう一つの著しい特徴は，それが10万年で太陽質量に相当する莫大な質量放出を，ジェットとは別に，球対称な流れとして行っていることです．これは太陽質量の100倍以下程度のブラックホールでさえも受け入れ可能な量をはるかに上回っています．ですから，この質量放出率は連星内での質量移動率をほんの少し下回るだけの値に違いありません．

　これらすべてを足し合わせると，きわめて活発な天体の描像が描けます．まず，いま私たちが得た質量移動率は，大質量星がそれより軽いブラックホール，または中性子星に質量を移すときに期待される値にだいたい一致します．この天体のまわりには降着円盤が形成されますが，降着天体は降着率

をエディントン限界内に抑えるため必死の努力をしますから，移動質量の大部分は放射圧によって円盤から吹き飛ばされます．ガスはほぼ球対称に吹き飛ばされるのですが，円盤中央付近だけは別です．円盤の軸に沿って動くガスは角運動量をまったく持っておらず，円盤に沿ってその内側の縁にまでたどり着いたガスには，そこでそれ以上角運動量を失う術がないので，円盤中央には漏斗状の穴が開いています．ガスの一部分だけが角運動量を失うことに成功し，ジェットを形成します．

　これらの漏斗は重要です．円盤を通ってらせん状に落ちてくるガスが生み出す放射光は，ガスもほぼすべてが放出されるために，そこからすぐに抜け出すことができません．放射光はこのガスによってでたらめな方向に散乱されますが，ついに漏斗の口を見つけてそこから自由に飛び出していきます．このモデルはなぜ SS 433 がただの暗い X 線源であるかを説明します．というのは，X 線は漏斗の口の向きに沿って放射され，それは私たちの視線方向からはつねに逸れているからです．

　一方，仮にこの星を漏斗の口の方向から見る人がいたら，異常なまでに明るい星が目に映ることでしょう．なぜなら，全方向に広がる代わりに，降着放射光のすべてが漏斗からの 2 本の狭い円錐状方向に集中するからです．観測される X 線放射が全方向に等方的と仮定するとその総光度が星質量ブラックホールに対するエディントン限界をはるかに上回ってし

まう天体を超高光度X線源とよんでいますが,上のモデルはこのようなX線強度が異常に強い星の説明にも使えるかもしれません.これらの星はすべてかなり遠方の銀河の中にあり,天の川銀河ではまだ一つも見つかっていません.これは当然のことなのです.狭い漏斗からの超高光度放射は空間内をまったくでたらめな方向に向けていて,その中のほんのわずかな割合だけが私たちの方向を向き,私たちはその光を受けて超高光度星と認識するのです.このほんのわずかな割合に巡り合うためには,そのような天体の間を多数探し回らなければならないのですが,それらの大部分では放射光はよその方向を向いているために,私たちの目にはそうであるとは認識されず,たまたま見つかる超高光度星は結果として広い空間内に散らばっているのです.それらの天体の中で漏斗の先がちょうど私たちの方向を向いているもののうち,最も近いものでも恐ろしく遠くにあるのは納得のいくところです.これまでに天文学者たちが見つけた超高光度X線源は数ダースで,すべて遠方銀河の中にあります.

　大質量X線連星にとっては,超高光度ステージが終点ではありません.大質量伴星はその水素エンベロープがブラックホールや中性子星によって剥ぎ取られても内部の恒星進化を続けます.そして,ついには超新星爆発を起こします.爆発星の質量が小さいので,連星系が分解せずに生き残ることはかなり期待できます.降着星のほうがどんな天体であるか,また今度の超新星が跡に何を残すのかによって二つのブラックホール,二つの中性子星,ブラックホールと中性子星

の組のどれかの連星が残されます．これまでのところ，二つのブラックホールからなる系は見つかっておりません．この系には質量移動も X 線放射も起こらないので，これは当然です．しかし，中性子星は電波パルサーなので，中性子星を含む系ならば見つかるはずで，それらはきわめて重要です．

　その理由は，そのような連星系ではパルサーの運動が測れるからです．パルサーが連星質量中心のまわりを回ると，それは地球の観測者に対して，交互に近づいてきたり離れ去ったりします．離れ去るときには，あとに続くパルスは望遠鏡まで前のパルスよりほんの少し長い距離を旅する必要があります．これはパルサーが静止しているときに比べるとパルスの到着が少し遅れることを意味します．逆に，パルサーがこちらに向かってくるときには，パルスの到着は少し早まります．これは連星中の普通星のスペクトル線が受けるドップラー効果とまさに同じものです．そして，スペクトル線のときと同じくパルスの到着時間は，パルサーの視線速度に関する情報を伝えてくれるのです．すると，ニュートンの万有引力の法則がパルサーと伴星の質量の範囲に関して厳しい制限を加えます．

　しかし，話はさらに進みます．通常，これらの連星は数時間というきわめて短い公転周期を持っています．思い出してほしいのですが，連星系内の物質移動によりこの連星はすでに収縮しているのです．短い周期は星が高速で運動していることを示します．それは系が重力波を放つ条件です．私たち

がすでに知っているように，その結果，角運動量が失われ，連星軌道はさらに縮みます．連星を広げる質量移動がないので，ここでは重力波の効果はより強く現れます．天文学者たちはいくつかの系で軌道周期のこの減少をきわめて正確に検出することができました．これらの連星パルサーのうち最初の例は，ラッセル・ハルスと彼の博士論文指導教官であったジョー・テイラーによって発見されました．この発見により2人は1993年にノーベル物理学賞を共同受賞しました．軌道周期の現象が確認されたすべての例で，その値はアインシュタインの一般相対性理論による予想と観測の精度内で一致しました．アインシュタインの理論は他にもさまざまな効果を予言していて，それらもやはり観測可能です．例えば，連星軌道はふつう楕円形で，ある速度で歳差運動するはずです．現在までのところ，多数の観測のどれもアインシュタインの理論と矛盾する結果を出していません．これだけにとどまらず，これらの観測はパルサーと伴星の質量を天文学の他のどの分野にも見られない4桁という高い精度で求めたのです．

ガンマ線バースト

おそらく恒星進化に関係しているのでしょうが，いまのところ理解されていない壮大な現象があります．それは天空の勝手な位置に何の前触れもなく現れる非常に高エネルギーの電磁波，ガンマ線，の大爆発です．これらの爆発の天空上の分布は何ら特別な方向性を持たず，いまではそれらが非常に遠くにあるためとわかっています．典型的な例でいうと，それらの光は私たちのところまで届くのに宇宙年齢の半分，も

しくはそれ以上の時間（第7章で学ぶ言葉を使えば，赤方偏移1かそれ以上）かかっています．この莫大な距離と観測された放射フラックスとを合わせて考えると，これらが極度に明るい天体であることがわかります．放射が全方向で等方的と仮定すると，それらの爆発の一つで数秒間の間は，宇宙の中にある他の種類の天体からの光をすべて足したものとだいたい同じくらいに明るいのです．一つの爆発に含まれる総エネルギーは数秒間で太陽を丸ごと純粋なエネルギーに変えたものとほぼ同等です．

いくつかの方向からの議論の結果，これらの爆発はおそらく全方向への等方的放射ではなく，自動車のヘッドライトのようなビーム状の放射であろうと考えられています．このモデルによると，私たちが爆発を見るのは，ビームが私たちの方向を向いていたときのみで，私たちが見損なった爆発が他にたくさんあるのです．その代わり，爆発の総光度や総エネルギーは前節で示された値より著しく小さくなりますが，それでも巨大です．継続時間の長い（数秒以上）爆発はとくにすさまじい超新星で，たぶんブラックホールを産み出す極超新星のようです．星が緊密な連星の中にあって爆発前には高速で回転運動していたことが，それらが選び出される原因のようです．継続時間が数秒以下の爆発は二つの中性子星が融合した際の特徴を示していて，重力波放射により二つの中性子星の間の軌道角運動量が抜き取られたために起こったようです．これらは大質量で近接した連星が進化した終点といえるでしょう．

エピローグ

　この章ではずいぶん長い道のりを旅してきました．しかし，ここで私たちが議論した観念はもっと大きな広がりを持ちます．現代天文学の全体は，ブラックホールとそこへの降着という観念に根底から影響を受けています．これは宇宙の中の通常の物質からエネルギーを得る最も効率的な方法です．物質と反物質の対消滅のみが，それ以上のエネルギーを産み出せますが，天文学的な系では現実的とはいえません．ここで述べたのは，私たちが知る最も激しいエネルギーを産み出す天体，およびそれらとそれらが宿る銀河との関係を説明するうえで基本的な考え方なのです．天文学者たちは，いまでは最小サイズのものを除き，すべての銀河の中心には太陽よりずっと重い，ときには10億太陽質量に達する，ブラックホールが存在すると信じています．これら巨大ブラックホールはおそらく物質の降着により成長し，その成長期にはクェーサーの中心コアとして現れるのでしょう．銀河の性質とその中心にあるブラックホールの質量とには，密接な関係があるようです．その自然な説明としては，ブラックホールは銀河自身が構成されていくその仕方に，何らかの方法で影響を与えたのではないかと考えられます．この考えをもっともなものにするのは次の事実です．物質はブラックホールに降着する際，その静止エネルギーの約10％を放出します．この束縛エネルギーは全銀河に影響を与えるに十分すぎる量なのです．

第7章

宇宙を測る

　まだ多少よくわからないことが残っているにせよ，星がどのように進化するのか，前章までの説明で理解できたことと思います．自己重力に支配されるガスの球に対して，たんに物理法則を適用するだけで，驚くほどよく観測される星の性質を再現することができます．本書では，この単純な前提からスタートして，最後には，生命を生み出す化学，どのようにして星が生まれ死んでいくか，どのようにしてブラックホールを見つけるか，といったさまざまな問題にまで到達しました．

　しかし，科学者たちはまだ満足していません．トマス・ホッブスいわく，「満足は前進にのみ存在する」です．何かを理解すれば，それを使ってまた別のことを理解したくなるのです．その点で，科学者は長編ミステリードラマの視聴者のようなものでしょう．
　犯人は知りたくても，そのドラマが終わってしまうのは悲しいのです．そして，ミステリードラマで予想の裏をかかれてしまうように（これはよいミステリードラマの証拠です

ね),ちゃんとわかっていると思っていた二つの事実がうまく合わないことがあります.科学では,そのように思っていたほどわかっていなかったことがついに理解できたとき,新しいことを学ぶことができるのです.

　星は,宇宙空間で均一に並んでいるわけではなく,銀河に集まっています.その銀河も,多くの場合たがいに離れてムラのある分布をしています.星の年齢や明るさを知ることが,星のことを理解するための重要なポイントでした.明らかに次にくるのは,この星の知識を使って,銀河の年齢や距離を求めることです.銀河の話もたいへん面白いものです.

年　齢

　青く明るい星は若い天体です.HR図を見れば,それらの星が主系列上またはその近くにあって,太陽の10倍以上の質量を持つことがわかります.それらは一度主系列を離れると,二度と同じように青くなることも明るくなることもありません.10倍の質量を持つ星が主系列にとどまっているのは,太陽の1/100の時間(約1億年)にすぎません.それゆえ,同時期に生まれた星の集合は,放っておかれると自動的に赤くなっていきます.そのような星の集合が実際に存在し,球状星団とよばれています.典型的な球状星団は10万個の星を有し,そのHR図には著しい特徴が見られます.その主系列はある質量(あるいは明るさ)で止まっているのです.この主系列の止まった点を転向点とよびますが,転向点よりも明るい星はすべて主系列を離れて赤色巨星へと進化し

ているのです．多くの場合，転向点は太陽より少し軽い星に対応づけられ，このことから球状星団の星が太陽の主系列での寿命（100億年より少し長い時間）よりも年老いていることがわかります．明らかに，球状星団，さらには銀河・宇宙の年齢は100億年よりも古いのです．

しかし，球状星団にあるような年老いた星でさえ，宇宙で最初につくられた星ではありません．それらの星のスペクトルに金属の証拠が見つかるからです．ヘリウムよりも重い元素は大質量星がつくったものですから，球状星団の星は，それ以前に存在した大質量星の超新星爆発で飛び散ったガスからつくられたはずなのです．大質量星の寿命は短いので，このことが宇宙の年齢の見積もりを大幅に変えてしまうことはありません．天文学者が注意深く見積もった結果によると，銀河系で最も年老いた星の年齢は，15億年程度の誤差を考えたうえで125億年となりました．

この数字はそれだけではたんに長い時間というだけのことです．この種の数字のつねとして，それが面白くなるのは私たちが他に知っている事実と照らし合わせたときです．まず，太陽の年齢が銀河系のそれの半分程度であることがわかります．これは私たちが太陽の近くに存在するという点を除けば，私たちの星，太陽，には特別な点は何もないというこれまでの印象をさらに裏づけるものです．しかし，話が本当に面白くなるのは，この年齢を宇宙全体のそれと比較してみたときです．

1929年以降，天文学者は，私たちは膨張する宇宙に住んでいると考えてきました．この年，エドウィン・ハッブルは，遠くにあるすべての銀河が私たちから遠ざかっていて，その速度が距離にある比例定数を掛けたもの（現在ではハッブル定数とよばれる）であることを示す観測証拠を発表したのです．私たちの銀河は他の銀河と比べて特別な点があるわけではありませんから，他の銀河から観測したとしても同じような結果が得られるはずです．膨張する宇宙の中にある銀河は，膨らむ風船につけた印のようにおたがいがどんどん離れていくのです．さらに，よほど特殊な状態でない限りは，過去にはすべての銀河がずっと近かったと考えられます．ある一組の銀河が，現在どれだけ離れているか，どれだけの速度で遠ざかりつつあるかがわかったとします．その距離を速度で割れば，その時間だけさかのぼった過去のある瞬間に銀河が非常に近かったのだと考えることができます．ハッブルの法則とよばれる距離と後退速度の関係は，この時間がすべての銀河の対で同じで，それがハッブル定数の逆数に一致することを示しています．ハッブル時間と天文学者がよんでいるこの時間は，ビッグバンとよばれるはじめの状態から宇宙が現在の形態で存続してきた長さの推定値を与えます．ここで私たちは，非常に興味深い問題が起こり得るという地点にやってきました——ハッブルの法則が導かれた観測は，星の年齢を決めた観測とまったく異なります．これら二つの大きなタイムスケールがたがいのことを知っていると考える理由はありません．しかし，もし星が宇宙よりも古かったとしたら，そんなばかげたことはありません．はたして，ハッブ

ル時間は星の年齢よりも大きいでしょうか.

距　離

　遠くの銀河のサンプルからハッブル定数を調べようという中で，後退速度を決めるのは比較的容易な部分です．必要なのは各銀河のスペクトルだけです．銀河のスペクトルにはその中にある星のスペクトルがすべて溶かし込まれていて，そのスペクトルからドップラー偏移（多くの場合銀河は遠ざかっているので赤方偏移）を測定します．そのためには，最も目立つライン（ふつうは水素のライン）が同定できて，その波長を実験室で測定された波長と比較することさえできれば十分です．この比較によって，赤方偏移さらに後退速度がわかります．銀河内の個々の星の運動は銀河全体のスペクトルのライン幅を広げることになります．しかし，遠い銀河では，銀河全体の後退速度のほうが，個々の星が銀河の中で動いている速度よりも大きいので，銀河全体のラインの波長を測定する際の問題にはなりません．ハッブル定数の決定で困難な部分は，銀河の距離を決めることです．そのためには，絶対的な尺度で明るさがわかっている天体（標準光源とよびます）を見つけて，これを観測される天体の明るさと比較する必要があります．天体からの光は距離の2乗に比例して広がっていくので，どれだけ暗く見えるかがわかれば，どれだけ遠いかがわかります．固有の明るさが明るい星ほど遠くにあっても十分な光量が得られますから，標準光源にはできるだけ明るい天体が望ましいのです．1929年にハッブルが行った研究では，銀河の中でいちばん明るい星，および銀河全

体の明るさが標準光源として使われましたが、これはあまり精度の高い方法ではありませんでした。非常に明るい星というのは数が少ないので、ある銀河の中で存在するいちばん明るい星の実際の明るさは偶然に左右されてしまいます。また、銀河全体の明るさに関しても、銀河に存在する星の個数というのはばらつきが大きいこと、さらに円盤銀河であればその円盤が視線方向に対してどれだけ傾いているかは銀河ごとに異なりますが、それが遠方で暗いと決めにくいことも標準光源としての精度を下げてしまう要因です。

現代の望遠鏡と検出器はハッブルの時代のものよりもずっと感度がよく、ハッブル定数もずっと正確に調べることができます。最もよい標準光源は、セファイドとよばれる定常的に明るさを変えている星です。それらは、HR図で特定の領域に存在する明るい星で、1日から70日ほどの周期で変光をくり返しています。大事なのは、私たちの銀河や近傍の銀河にあるセファイドの観測から、その絶対光度が周期に応じて決まり、周期が長ければ長いほど明るいことがわかっていることです。このため、もし遠くの銀河でセファイドが見つかれば、その周期の観測から明るさを推定し、それを見かけの明るさと比べることで銀河までの距離がわかります。

距離、さらにはハッブル定数を測定するという目的のためには、周期光度関係の物理的な理由がわからなくてもかまいません（たんにそういう経験則なのだと受け入れてしまうこともできます）。しかし、科学者はつねに理由を知りたがる

もので，セファイドの周期光度関係についてはその仕組みが理解されています．それらの星は規則的に膨張収縮をくり返すことで明るさが変わります．星が収縮したときに何が起こるかをちょっと考えてみましょう．ガスを圧縮すると当然密度が上がりますが，同時に温度も上がることを知っていますか．自転車のタイヤにポンプで空気を押し込むときにタイヤに触れてみてください．圧縮された空気が熱くなっていることが確かめられます．前に触れたようにガスの圧力は密度と温度の積に比例しますから，星が収縮すると内部の圧力が上がり，これが反発力となるために，収縮した星は膨張に転じます．先ほど，収縮すると温度が上がるといいましたが，星の内部では通常温度が上がるとガスの透明度が上がります．そのため，収縮した部分からはエネルギーが光のかたちで逃げ出してしまいます．すると圧力が少し下がるので，反発力もちょっと弱くなります．そのために，膨張の最大値は前回よりも少し小さくなります．膨張して温度が下がるとガスが不透明になりますから，そこで光エネルギーを吸収してため込みます．そのため収縮に対抗する圧力が前回より強くなるので，収縮のほうも前回ほど小さくならずに止まってしまいます．これがくり返されると，膨張収縮はだんだん弱くなり，星は振動しない定常な状態に落ち着きます．このようなわけで普通星は振動を示しません．ところで，星の内部では，ある温度付近でヘリウム原子が電子を1個失っている状態（1回電離）から2個失っている状態（2回電離）に切り替わります．その付近を天文学者は2回電離層とよんでいます．光を吸収する能力は2回電離ヘリウムガスのほうが1回

電離ヘリウムより強いのです．そのため，2回電離層では温度が上がると2回電離ヘリウムが増えて吸光度が増すという現象が起こります．前に述べたように，ふつうは温度が上がると透明度が上がるのですから，第2電離層の振る舞いはふつうとは逆なのです．ここでセファイドを収縮させてみましょう．内部の圧力が上がるところまでは前に述べたとおりです．ところが，2回電離層では温度が上がったため光の吸収能力が高まり，星の内部から外へと流れていく光がせき止められる結果になります．そのため，2回電離層では収縮時にエネルギーが注入されることになり，ふつうよりも強い反発力が生まれます．こうして，膨張に転じた2回電離層は密度とともに温度も低下します．すると，光を吸収する能力が下がり透明になるため，2回電離層からは光のエネルギーがどんどん引き抜かれていきます．このため，圧力が大幅に不足することになり，収縮の勢いが強くなります．これはちょうど自動車のエンジンがシリンダーを圧縮したときに燃料が点火されて内部のエネルギーをさらに高め，シリンダーが膨張すると中のガスが排気されて次の収縮が開始されるというサイクルと同じです．このように，セファイドではヘリウム第2電離層の部分で，光のエネルギーが運動エネルギーに変換されているのです．自動車の場合はエンジンの出力と車の摩擦力がつり合ったところで速度が決まりますが，セファイドの場合は第2電離層でつくられる運動エネルギーと星の内部の他の部分での散逸エネルギーがつり合ったところで振動の強さが決まります．

さて，周期と明るさの関係はどのように生じるのでしょうか．星の明るさはそのサイズによって変わります．70日以下という脈動の周期は，星の温度がすっかり変わってしまうような熱的タイムスケール（数百万年）よりもずっと短いものです．脈動による多少の変化はあるにせよ，セファイドの温度の変化はそれほど大きいものではありません．表面の温度が一定であれば，星の明るさは表面積（すなわち半径の2乗）に比例することを思い出しましょう．例えば，半径が2倍になれば明るさは4倍，半径が25％増えれば明るさは50％増えます．半径が変わるということは，圧力と重力のバランスが崩れることにほかなりません．そのため，周期は力学タイムスケール，すなわち半径を自由落下速度（$=\sqrt{GM/R}$）で割ったものになります．自由落下速度は，半径の平方根に反比例しています．例えば，質量が同じで半径が4倍の星では，自由落下速度が1/2になります．したがって，力学タイムスケール（すなわち脈動の周期）は，半径の3/2乗に比例します（$P \propto \sqrt{R^3/GM}$）．そのため，質量が同じで半径が4倍の星は8倍の周期をもちます．一方，光度は半径の2乗で16倍になります．以上からわかるように，光度は周期よりも少しだけ半径に応じて増加しやすく，数学的には光度が周期の2/3×2＝4/3乗で増加します（$L \propto P^{4/3}$）．観測されるのもこれと同じように，周期が長くなるほど明るいセファイドとなっています．

　距離の測定に話を戻しましょう．国際的な大きな天文学者のチームがハッブル宇宙望遠鏡を利用して，セファイドによ

る距離の測定を行っています．その結果は，おおよそ136億年の宇宙年齢を与え，ビッグバンの直後に銀河が生まれはじめる時間的な余裕が存在したことになります．さらに，この値はビッグバンが残した宇宙背景放射を用いて行われた独立な観測結果とも非常によく一致しています．

加速膨張

　この一致は励みになるものですが，標準光源を用いる手法の限界にも注意する必要があります．明らかに，標準光源が暗くなりすぎてしまうような遠方では，宇宙膨張を調べることはできません．さらに時間をさかのぼるためには，より明るくかつ信頼のおける標準光源が必要になります．超新星はセファイドよりも10万倍明るく，その明るさの平方根にあたる300倍の距離まで調べることを可能にします．しかし，重力崩壊型超新星は標準光源にはまったくなりません．光度のばらつきが大きいからです．超新星となる星の爆発前の性質は通常知ることができないので，そのばらつきを補正することは容易ではありません．爆発前の星は目立ちませんし，爆発が起こってからでは爆発前の星の性質を調べるのは間に合いません．

　しかし，もう一つの種類の超新星は，その光度が十分一定で信頼できそうです．この超新星はIa型超新星とよばれるもので，連星系の中で伴星から流れ込むガスにより，質量がチャンドラセカール限界に達した白色矮星だと考えられています．その限界質量では星は白色矮星としては存続できず，

崩壊して，超新星爆発を起こします．どの Ia 型超新星でも同じ質量で爆発が起こるため，通常の重力崩壊型超新星に比べれば，光度も似通ったものになります．現在考えられているシナリオでは，崩壊する白色矮星はまず炭素を燃焼させます．ガス圧で支えられている星では，温度が増加すれば圧力も増加するため星が膨張し，ガスが冷却されるため燃焼もストップします．しかし，縮退圧の場合には温度が関係ありません．そのため安全弁が機能せず，炭素の燃焼反応が暴走して，星の質量のすべて，またはほとんどを吹き飛ばしてしまうことになります．

そのため，白色矮星に少しずつ質量を加えていって，チャンドラセカール限界をわずかに超えさせるというのが，Ia 型超新星の均一性を説明する有望なシナリオです．このシナリオを完成させるため，白色矮星の質量を増やす方法を考える必要があります．驚くべきことに，これはそれほど簡単ではありません．近接連星系の中で小質量主系列星の伴星から質量をゆっくりと移動させる方法は，うまくいかないようなのです．そのように質量が移動した場合，少し質量が増えたところで暴走的な熱核反応が起こって，少なくとも増えた分の質量は吹き飛ばされてしまうのです．この暴走は，新星爆発とよばれ，超新星爆発よりもずっと小規模なものですが，白色矮星の質量は少しも増加しません．この方法では，チャンドラセカール限界に達することはできないのです．質量を逃さないためには，白色矮星の表面に降り積もった水素をすぐに燃やしてヘリウムにする必要がありそうです．そのため

には，降着率がかなり高くなくてはいけませんが，あまり高すぎると，白色矮星の表面で水素燃焼が起きるにしても，それは白色矮星をコアとして，その外側に巨大なエンベロープが広がる赤色巨星のようになってしまいます．第5章で見たように，赤色巨星であればエンベロープの重さをほとんどコアが感じないようになってしまうので，その上にいくら質量が降り積もろうとその振る舞いはほぼ同一です．

　したがって，Ia型超新星をつくるためには，白色矮星にちょうどよい割合でガスを降着させる必要があります．このために，二つの方法が考えられています．一つは，白色矮星がもっと重い星と連星系を組むことです．その伴星が膨張すると連星系は縮んで，質量輸送率が大きくなります．最終的には，伴星が一定の割合で膨張し続けられる限界で決まる高い質量輸送率で，ガスの降着が安定になります．たくさんの連星系の中には，その質量輸送率が白色矮星をうまく成長させるような条件に合って，降着に合わせて安定的な核融合（水素からヘリウムへの変換）を起こすようなものが存在するでしょう．第二の方法では，おたがいにきわめて接近した二つの白色矮星の連星系を考えます．小質量側の白色矮星が質量を失うと，それは膨張してさらに急速に質量を失うようになります．これは，暴走的なプロセスです．多くの質量を失えば失うほど，質量を失う速度も大きくなっていきます．そして，短時間のうちに二つの白色矮星は合体します．もし二つの白色矮星の質量の和がチャンドラセカール限界よりも大きいとすれば，合体したコアは崩壊をはじめることにな

り，Ia 型の超新星爆発がはじまります．しかし，二つの方法のどちらで超新星が生じたのかを観測的に見分けることはできていません．

　Ia 型超新星の由来が何にせよ，それらを標準光源として利用することによって，驚嘆すべき成果が得られました．現在，宇宙膨張は加速していることがわかったのです．最も遠方で見つかった超新星が示す宇宙膨張よりも，現在の宇宙膨張のほうが高速なのです．これによって宇宙論に大きな変更が迫られるため，標準光源についても多くの研究が行われました．その光度は厳密に一定の光度ではなく，多少のばらつきがあるようですが，宇宙時間の間に系統的に変化してきたとは考えられないようです．したがって，Ia 型超新星が完全な標準光源というわけではないとしても，そのせいで誤って宇宙の加速膨張という結果が得られたのではないと考えられています．

第8章

はじまり

輪　廻

　本書では，星の進化をその終着点まで見てきました．しかし，星がどのように生まれるかについては，ほとんど何も述べてきませんでした．これには二つの理由があります．第一に，それでも星の進化を考えるうえで問題がないからです．たんに質量を決めるだけで，その星の進化がほぼ完全に決まってしまいます．どのようにして生まれたのかを考えなくても，ある質量の星が安定している状態からはじめて進化を追いかけることができます．そして，その誕生の話とはほぼ独立に，これまで見てきたような進化の流れ全体を展開することができます．"ほぼ"という言葉を用いたのは，星が誕生したときの化学組成が星の進化に影響を及ぼす——確かに質量ほどではないにせよ——ことを忘れないようにするためです．例えば，化学組成によってセファイドの周期光度関係はかなり変わります．

　星の誕生をこれまで無視してきた第二の理由は，それについて理解するのが進化の他の段階よりも難しいからです．そ

こで，むしろ誕生後の進化の様子についての知識を利用して，星の誕生について考えることにします．このように逆向きに議論を進めることは，天文学でよく行われます．例えば，宇宙全体の進化を探るようなときには，それ以外のアプローチがありません．

　星の進化の様子は，星がどうやって生まれたかについて多くのヒントを与えてくれます．まず，ヘリウムよりも重い元素がすべて星の中でつくられたことがわかっています．また，たとえ質量が同じ星だとしても，星によっていろいろな化学組成となっていることも知られています．大質量星は超新星爆発のときに，重元素が増えたガスの多くを宇宙空間に放出するので，そのように重元素の増えたガスを使って次々と星が生まれていることが示唆されます．前章でも，なぜすべての銀河がすぐに赤い死の世界になってしまわないのかという疑問に答えるために，このような星の誕生を考えました．

　ほとんどの銀河は，星間空間に広がる大量のガスとダスト（固体微粒子）を含んでいます．これら星間物質による雲からの電波・赤外線放射は，場所によっては絶対温度で数Kという非常に冷たい物質からのスペクトルを示しています．そこには，水素だけでなく，ヘリウムや他の重元素，また分子もしばしば存在します．明らかに，これらの巨大分子雲が星の誕生する場所です（図13）．分子雲で星が誕生するには，おそらくは分子雲内での重力のためにその一部が収縮し

図 13 創造の指先.これらのガスとダストからなる塔は 7 光年の長さで,その内部で星が生まれています.

て,非常に高密度になる必要があります.しかし,地球の大気中にある水蒸気の雲と同じように,星間雲も同じ物質からなる恒常的な物体というわけでなく,超新星や恒星風などでつくられる熱いガスが絶えず飛び込んできたり抜け出したりしています.つまり,たくさんの物質が自己重力によって静かに集まっているのではなく,やかんの蒸気に似た状態となっています.もちろん,そこでも重力の影響は作用していますが,ほとんどの場所ではガスの運動が速いため自己重力に

よって収縮することはありません．

暗がりでの誕生

　しかし，ときには，分子雲のある部分が自己重力に支配されたり，超新星のような外的な出来事によって圧縮されることがあります．その場合でも，星間物質自身の圧力のためうまく収縮しないかもしれません．ガスの塊が重力に耐えられるかどうかは，どれだけ早く内部の圧力を上げられるかどうかで決まります．圧力の変化があれば，音速でその変化が周囲へ伝わっていきます．ガスの塊が小さければ，自身の重みでつぶれるよりもずっと早く圧力の変化が伝播し，振動くらいはするとしても崩壊することはなく安定化します．では，もっともっと大きなガスの塊を考えましょう．ある大きさ以上になると，音速が伝わって圧力が上がるよりも，塊が収縮して密度が上がるほうが先になります．この臨界サイズは，塊の中の温度と密度の比によって決まり，20世紀初頭に最初にこの問題を調べたイギリスの天文学者の名前を取って，ジーンズ長とよばれています．また，この長さを半径とする球の中のガスとダストの合計質量を，ジーンズ質量とよびます．ジーンズ質量よりも大きく自己重力で支配されているガスの塊は，重力によって崩壊をはじめることになります．天の川銀河では，この臨界質量は数千太陽質量です．

　収縮がはじまると，事情が複雑になってきます．というのは，つぶれていくと密度が上昇するからです．その結果，ジーンズ長とジーンズ質量は小さくなり，もともとひと塊とし

てつぶれはじめた星間物質の各部分が，それぞれ独立につぶれようとしはじめます——塊はより小さな破片へと分裂していきます．個々の塊が自分自身の輻射に対して不透明になったときに，この断片化は止まります．外へ抜け出る代わりに閉じ込められた輻射は，ガスの塊の中で飛び回るようになり，内部の温度と圧力を上昇させます．そして，ついには重力と圧力がつり合うようになるのです．これによって，ガスの小さな塊が収縮しなくなり，さらなる断片化も起こらなくなります．それら小さな塊はまだ星ではありません．そのエネルギー源は重力によって，ゆっくりと収縮したときに生じる熱だけです．

　このような状況は，太陽がどうやって自分自身の重力に対抗しているかという第2章の議論でも現れました．そこでは，ビリアル定理が，表面から輻射でエネルギーを失うのにあわせて内側から自分自身を加熱するよう，星に命じていることを見ました．その加熱は，熱的すなわちケルビン-ヘルムホルツのタイムスケールで起こります．それは太陽と同じ質量を持つガスの塊の場合2000万年ほどで，重い星ではそれよりずっと短く，軽い星ではそれよりずっと長くなります．この熱的なタイムスケールでの収縮の後，ついには塊の中心で水素の核融合がはじまるほど高温になります．そして，星はだんだんと主系列段階へと入っていきます．こうして，分裂した各塊片から星が生まれ，星団が形成されることになります．

天文学者たちは，塊片の質量の範囲と各質量区分でできる星がいくつかを予想し，それを星団の中の星の質量分布と比べようとしてきました．この分布は，初期質量関数（IMF）とよばれています．IMFのかたちは，銀河がどのように進化するかということにも決定的な影響を及ぼします．実際のIMFの観測の結果では，ほとんどの星が太陽と同じくらいかそれより小さな質量を持ち，太陽より大きい側は質量につれて星の数が徐々に減少していきます．塊片の中には，質量が小さすぎて水素の核融合を開始することができず，褐色矮星となるものもあるようです．現在の観測で褐色矮星も見つかるようになってきていますが，暗すぎて観測するのが難しいため，実際の星団の中でどれだけ多くの褐色矮星が生まれるのかよくわかっていません．そして，つぶれていく分子雲のガスのうち，どれだけの割合が星や褐色矮星になるのかもあまりわかっていないのです．新しく生まれた星の輻射によって，まわりのガスとダストが吹き飛ばされて，それ以上星の収縮が妨げられるのかということも不確かです．また，連星がどのように生まれるか，連星の質量の比はどうなるかということもわかっていません．星は同じくらいのサイズの星と連星を組みたがるのでしょうか，それともそんなことには無関心なのでしょうか？　ほとんどの大質量星は連星系のメンバーであることが観測的にわかっているので，このような問いはとても気になるところです．

　理論家は，コンピュータシミュレーションを多用しながら，これらの問題に活発に取り組んでいます．シミュレーシ

ョンでは、ガスの動きが二つの方法でモデル化されます。一つは、仮想的な粒子の集まりとしてガスを表し、粒子の動きを重力と圧力に応じて計算する方法です。もう一つの方法では、空間を非常に小さなグリッドに切り分けたうえで、ガスが従う重力と圧力の方程式を解いて、ガスがどのようにグリッドを移動していくかを探るというものです。これらの方法は近似的なものですが、仮想的な粒子の数が多いか、グリッドが十分細かいのであれば、実際にどんなことが起こるのかをかなり正確に指し示すことができます。十分な数のピクセルがあれば、コンピュータスクリーンで自然な画像を再現できるのと同じようなものです。100万ピクセルあれば、あなたの顔の画像も非常にスムーズに表現され、ズームして細かいところまで見ることができます。しかし、もし10ピクセルしかないのであれば、誰の顔か認識できないようなぼやけた画像になってしまうでしょう。

　計算機シミュレーションもこれと同じです。より多くの粒子（あるいは、より多くのセル）を使えば、より正確で信頼のおけるシミュレーションを行うことができます。しかし、粒子数やセルの数を増やせば、それだけシミュレーションにかかる計算機時間も増えます。したがって、粒子やセルの数を増やすのに限界があるのは避けられないことです。現在の大規模なシミュレーションでは、数千万から1億個の粒子や同じくらいの数のセルを使って、ガスが収縮して星になるのを追いかけるために、数週間もかけることがあります。そのようなシミュレーションで最も難しいのは、非常に広い範囲

の長さスケールと質量スケールを計算で追いかけなくてはいけないところです．数パーセクの大きな分子雲の収縮によって，最終的には，太陽よりも小さな多くの星が形成され，それらは元のサイズの1/10万以下にまでなります．そのため，シミュレーションのはじめに十分な数のセルだったとしても，新しく形成される星は数個のセルを占めるだけとなって，もっと多くのセルがなければ，相互作用を追いかけることが十分にできなくなります．

シミュレーションの最初で決めたセルの大きさよりも，ずっと小さなスケールで興味を持っている現象が進んでしまうようになると，その細かい部分がぼやけてしまうため，現象を追いかけることができなくなります．それが可能になるように，計算の最初からより多くのセルや粒子を使ってシミュレーションを行うと，計算時間が長くなってしまい，現実的ではありません．もちろん，将来的には計算機の能力が高くなってそれらの問題が解決されるかもしれません．しかし，現時点ではどのように連星が生まれるかをしっかりと解き明かすことは困難です．例えば，二つの星はたがいに近い塊片から生まれるのでしょうか，それとも孤立星として誕生したあとで他の星を重力的に捕えるのでしょうか？ もし重力的捕獲が一般的であれば，二つの小質量塊片が合体することで質量の大きい星がつくられるかもしれません．

以上のことから，分子雲がつぶれはじめて個々の星になるところまで，すべての現象をシミュレーションで解き明かせ

る望みはまったくないことがわかります．小さいスケールでは何が起こりそうかをあらかじめ推測し，そこからシミュレーションをはじめるしかありません．例えば，星は一つだけ孤立して生まれるというより，星団の中で生まれるものであるという一般的な描像は，個々の原始星は回転するガスから形成されることを強く示唆しています．星団の中の星は，たがいの重力で引きつけ合いながら回転していて，もともと星をつくり出したガスも回転していたはずだと考えられるからです．このため，原始星は薄く広がったガスとダストの円盤に囲まれていると期待されます．ちょうど，X線連星について考えたときに登場した降着円盤のようなものです．そのような円盤は，明らかに惑星が形成される場所になり得ます．ただし，ミシェル・マイヨールとディディエル・クエロッツが 1995 年に最初の例を発見するまで，天文学者は太陽以外に惑星を持つ星を一つも知りませんでした．現在では，近傍の星に付随する系外惑星が数百個知られていて，その数はどんどん増えています．理論家たちは，この原始星円盤のモデル化に忙しく立ちはたらいて，彼らのモデルから生まれる惑星の性質（質量や公転軌道の大きさ）を予想しようとしています．

　どのように星が生まれるかについては，それ以後の星の進化のどの段階よりも，わからないことが多く残されています．それでも，天文学者たちは歩みを止めずにより野心的な課題に取り組んでいます．重要な問題の一つは，宇宙で最初に生まれた星がどのようなものであったかということです．

それらは，水素とヘリウム以外の元素がまだなかった頃にできたに違いなく，例えば，そのような場合に星の質量はどのくらいになるのでしょう？　銀河が最初につくられはじめた頃には，宇宙が現在よりも小さく，銀河同士の衝突や合体も盛んに起こっていたことでしょう．このような形成期を経て，現在私たちが観測する多くの銀河がつくられたはずです．その形成を理解するには，銀河と銀河が衝突したときに何が起こるか，どれだけの星が生まれて，どれだけのガスが外へはじき出されるか，ということを知る必要があります．

最後の星

これまで見てきたように，先に生まれた星がつくり出した元素を含むガスから次世代の星が生まれ，その星が死ぬときにさらに重元素の増えたガスを星間空間にまき散らすという星の輪廻転生が存在します．この輪廻は宇宙史の中で一つの時代，すなわち星の時代を特徴づけるものです．この時代が終焉を迎えるのは，星が宇宙にあるすべての通常の物質を鉄に変えて，それをブラックホールのような変化の起こらない残骸の中に閉じ込めてしまったときです．そのときでも，スティーヴン・ホーキングが示したように，ブラックホールからの熱的放射などは存在し，宇宙の進化は続くと考えられます．このホーキング放射は非常に低温ですが，宇宙膨張が進んで宇宙背景放射がそれよりも低温になったとき，非常にゆっくりとした（永劫ともよべる長い時間をかけて）ブラックホールからの放射が宇宙を満たすことになるでしょう．幸いなことに，このようにとことん陰気な終盤はまだそのかけら

も見えないほどに先のことです．私たちは若い宇宙に住んでいて，その年齢はといえば，太陽の年齢のほんの2倍程度で，最も古い星よりわずかに年上であるにすぎないのです．このことは偶然ではなく，知的生命はこのような時代でのみ栄えるのであって，最後の星たちが死ぬような時代には知的な生命も死に絶えるからです．

　太陽がどうやって存続してこられたのかという質問からはじまり，銀河がどのように生まれてきたか，さらに想像もできないほどの遠い未来の宇宙についても，長い道のりを経て説明を進めてきました．その途中で，どのように星が輝いているか，私たちの体を形づくる元素がどのように星でつくられるか，どのようにブラックホールが生まれるか，というような疑問についても学びました．それらすべては，星が丸いガスの塊だとして，それに物理法則を当てはめることで導かれたのです．星の進化とその結果を記述できることは，物理法則の力を最もよく表しているといえるでしょう．

推薦図書

　本書に述べられた星の構造と進化よりさらに進んだ取り扱いには，当然，相応の数学が必要とされます．そのような教科書として，Dina Prialnik による *"Theory of Stellar Structure and Evolution"*（Cambridge University Press, 2000）があります．

　20世紀初期に，すばらしい洞察力で星の構造を理論的に解き明かした本として，Arthur S. Eddington による *"The Internal Constitution of the Stars"*（Cambridge University Press first published 1926, digitally reprinted 1999）があります．

　ブラックホール，降着，およびその関連現象を，数学を使わずに解説した本として，Mitchell Begelman, Martin Rees による *"Gravity's Fatal Attraction"*（Cambridge University Press, 2nd ed., 2010）があります．

　降着などの数学的扱いは専門家向きになりますが，Juhan Frank, Andrew King, Derek Raine による *"Accretion Power in Astrophysics"*（Cambridge University Press, 3rd ed., 2002）があります．

図の出典

図 6
Reproduced with permission of Jim Loy,
http://www.jimloy.com

図 8
© ESA, European Space Agency

図 9
© NASA/ESA/Allison Loll/Jeff Hester (Arizona State University). Acknowledgement: Davide de Martin

図 10
© Image Courtesy of NRAO/AUI and M. Bietenholz

図 11
© P. Marenfeld and NOAO/AURA/NSF

図 12
© Blundell and Bowler, NRAO/AUI/NSF

図 13
© Science & Society Picture Library/AFLO

訳者あとがき

　本書は，オックスフォード大学出版局が刊行中の「Very Short Introductions」シリーズの "*Stars*" を翻訳したものです．このシリーズは学術のさまざまな分野を明晰かつ簡潔に解説する入門書として 40 か国語以上の言語に翻訳されて，世界中で愛読されています．

　著者のアンドリュー・キング教授は英国レスター大学理論天体物理学教室主任として，ブラックホール，X 線連星，活動銀河核など高エネルギー天体の研究を活発に行っています．彼が共著者の 1 人である "*Accretion Power in Astrophysics*" は高エネルギー天体物理学の標準的な教科書として世界中の研究者から高い評価を受けています．

　星の入門書は大きく二つに分けられます．一つは星座案内からハッブル望遠鏡天体画像に至る系列で，さまざまな天体の印象的なイメージを次々に見せてくれるものです．そのような本を読んだあとで，しかし，天体自身のことをもっと深く知りたいと希望する読者もいるでしょう．そのような方の

ためには，星の構造と進化に重点を置いた解説書が多数出版されています．本書を手に取られた方の中には，そのような本に挑戦して途中で投げ出した苦い経験を持つ方もいらっしゃるでしょう．それには理由があって，入門書の多くは恒星進化論の専門的なテキストをなぞって，たんにそのレベルを初学者向けにしようと試みたものなのです．これはたいへんに難しい方法で，読者の多くは途方に暮れて読了するのをあきらめてしまうのです．

本書で著者は，重力と圧力が星の構造を支配する点に徹底的にこだわります．そして，この二つがいかにして星の構造を定めるかを，機知に富んだ文章で説明しています．読者に必要とされるのは，原子の運動が圧力の原因であるという程度の知識ですから，コンパクトなサイズと相まって，大学初年度の学生諸君にとっては格好の入門書となるでしょう．星を舞台に重力と圧力がせめぎ合い，原子核燃焼を契機として，重力が圧力の抵抗を抑え込んでじりじりと終末に向かっていく様の記述はすばらしい迫力があります．本書の読了後，読者は重力のくびきが宇宙を支配していることを深く理解することでしょう．

なお，本書の翻訳にあたっては，三戸洋之，泉浦秀行，板由房，松永典之の諸氏による多大な協力がありました．また，尾崎洋二氏からのコメントは本書を推敲するうえでたいへん貴重なものでした．さらに，丸善出版の堀内洋平氏の助

言と励ましがなければ翻訳初心者の訳者は途中で挫折していたでしょう．この場を借りてお世話になった皆様に深く感謝します．

 2013 年 10 月

中田　好一

索　引

あ　行

Ia 型超新星　152〜155
アインシュタイン　50, 51, 90, 100, 140
圧力　26, 60, 67
アンダーソン　91
一般相対性理論　100, 101, 103, 104, 126, 140
引力　22, 23
宇宙年齢　20, 76
宇宙背景放射　152, 166
宇宙膨張　155, 166
運動エネルギー　36, 111
運動量　67
HR図　15, 16, 80, 84, 89, 144, 148
SS 433　135, 137
X線　116
X線星　116〜138
X線バースト　118
エディントン，アーサー　60, 72, 101
エディントン限界　60, 68, 115, 137
エディントン限界値　117
エネルギー　30, 31, 50, 78

エネルギー保存則　31
遠距離力　24
エンベロープ　65, 73, 74, 79, 88, 124, 138

か　行

カー，ロイ　103
外殻電子　46
カー解　104
化学的エネルギー　49
角運動量　125, 137, 140
核エネルギー　49
核燃焼　52, 57, 66
核燃焼寿命　72
核反応　77
核融合　52, 55
核力　49, 54
褐色矮星　68, 162
かに星雲　96, 110
ガンマ線バースト　140
軌道　44
軌道電子　47
吸収線　5, 45
球状星団　144, 145
巨星　17, 18, 81, 124, 129
キルヒホフ，グスタフ　2, 45

クェーサー　142
クエロッツ，ディディエル　165
クラウジウス，ルドルフ　37
系外惑星　165
結合エネルギー　50, 51
ケルビン　31, 41
ケルビン温度　11
ケルビン卿　27
ケルビン - ヘルムホルツのタイムスケール　38, 76
原子　43〜46
原子核　44, 48〜50, 54, 98
原子核燃焼　71
原子核燃焼タイムスケール　76
原始星　165
原始星円盤　165
原子番号　48
元素周期表　46
コア　62, 72〜74, 79, 88
コア崩壊型超新星　96, 127
降着　110
降着円盤　113, 116, 121, 124, 126, 136, 165
降着星　115, 120, 122
公転軌道　13
公転半径　20
光度　13, 15, 17, 60, 64, 68, 75
小柴昌俊　96
コント，オーギュスト　1
コンパクト星　129, 131

さ　行

歳差運動　136
自己重力　25, 32, 159
視差　12
質量　50, 51
シャルルの法則　27
周期光度関係　148
自由落下速度　151
重力　10, 19, 21, 23, 33, 43, 98
重力エネルギー　33, 34, 42, 79, 94
重力波　104, 126, 139
重力崩壊型超新星　152
縮退圧　67, 88, 90, 93, 153
主系列　16, 66, 80, 83, 144
主系列寿命　75
主系列星　18, 66, 67, 75, 124
主星　131
ジュール，ジェームズ　39
シュワルツシルド，カール　100
シュワルツシルド解　100, 101
シュワルツシルド半径　100, 101, 104
小質量 X 線連星　118, 129, 130
小質量星　75, 91
初期質量関数　162
食物連鎖　19
ジーンズ質量　160
ジーンズ長　160
新星　153
水素　15, 45, 52, 53, 66
水素線　14
水素燃焼　52, 54, 56, 58, 61, 68, 81, 92, 131
ストナー　91
スペクトル　14, 18, 122, 145, 147
スペクトル暗線　18, 44
スペクトル輝線　5, 18, 45, 136
スペクトル吸収線　18
スペクトル線　3, 9, 14, 18, 136
星間物質　158
静水圧平衡　77, 79
星風　129
青方偏移　9, 136
赤色巨星　16, 80, 82, 144, 154

赤方偏移　9, 136, 147
摂氏温度　11, 27
絶対温度　11, 27, 28, 158
セファイド　148, 150
セルシウス温度　11
線スペクトル　44
総エネルギー　34, 36
相対性理論　50
ソディ，フレデリック　50

た　行
大質量 X 線連星　117, 128, 130
大質量星　98
大マゼラン雲　96
タイムスケール　76
太陽　19, 21, 25, 27, 30, 31, 69
　──の質量　22, 39, 53
太陽光スペクトル　2
太陽光度　20
太陽質量　68, 75, 90
太陽風　106
対流　65, 66
ダスト　158
短距離力　49
地球年齢　39, 41
チャンドラセカール，スブラマニアン　90, 103
チャンドラセカール限界　152, 153
チャンドラセカール質量　91, 92, 99
中心圧力　28
中心温度　28, 29, 32, 60, 64
中性子　48
中性子星　82, 89, 94, 98, 101, 105, 107, 111, 114, 119, 121, 123, 128, 131
超巨星　84, 92
超高光度 X 線源　138

超新星　96, 110, 127, 128, 138, 141, 152
対消滅　142
ツィッキー，フリッツ　110
デイビス，レイ　95
テイラー，ジョー　140
電荷　22
電気力　22
転向点　144
電子　44, 46, 48
電磁エネルギー　46, 47
電子軌道　47
電磁力　47
伝導　66
電波パルサー　132, 133
電離　57
電離層　149
ドップラー効果　7, 8, 120, 139
ドップラーシフト　8, 122, 136
ドップラー偏移　147
トランジット型天体　121
トンネル効果　58, 59

な　行
ニュートリノ　95, 96
ニュートン，アイザック　2, 100, 139
熱エネルギー　32〜34, 39, 42, 92
熱的タイムスケール　38, 40, 41, 76, 81, 151, 161
熱伝導　63
熱平衡　62, 77, 81

は　行
ハギンス，ウィリアム　7
ハギンス，マーガレット　7
白色矮星　16〜18, 66, 89, 99, 105, 109, 123, 152, 153

ハッブル，エドウィン 146, 147
ハッブル宇宙望遠鏡 151
ハッブル時間 146
ハッブル定数 146〜148
ハッブルの法則 146
パルサー 105〜108
ハルス，ラッセル 140
半径 17
伴星 131
反発力 22, 23, 49
ビッグバン 95, 97, 146, 152
ヒューイッシュ，アントニー 107
表面温度 15, 17, 29, 39, 64
ビリアル定理 37, 42, 79, 85, 87, 113, 161
ファン・ヘルモント，ヨハネス 26
不確定性原理 58, 66, 88
輻射平衡 64
フラウンホーファー，ジョセフ・フォン 2
フラウンホーファー暗線 4, 5
ブラックホール 82, 89, 102, 104, 105, 114, 119〜121, 123, 128, 131, 141, 166
分光器 7
分光連星 10
分子 45, 46
分子雲 158, 160, 162, 164
ブンゼン，ローベルト 2, 45
ペイン，セシリア 14
ベテルギウス 81
ヘリウム 15, 51〜53, 66, 72, 83, 149
ベル，ジョスリン 106
ヘルツシュプルング，アイナー 15
ヘルツシュプルングの隙間 80, 81
ヘルツシュプルング・ラッセル図 15, 16
ヘルムホルツ，ヘルマン・フォン 31
ホイーラー，ジョン 41
ボイルの法則 27
崩壊コア 94
放射伝導 65
ホーキング，スティーヴン 166
ホーキング放射 166
星
　——の光度 13
　——の半径 13, 14, 61
ホッブス，トマス 143

ま 行

マイヨール，ミシェル 165
脈動 78, 83, 151

や 行

陽子 48

ら 行

ラザフォード，アーネスト 48, 50
ラッセル，ヘンリー・ノリス 15
力学タイムスケール 76, 151
理想気体の法則 27
量子論 58
連星 9, 111, 123, 124, 127, 129, 139, 141, 162, 164

わ 行

矮星 66, 80, 81
惑星 22
惑星間空間シンチレーション 106

原著者紹介
Andrew King（アンドリュー・キング）
英国レスター大学天体物理学教授，理論天体物理学の研究グループを率いる．王立協会ウォルフソン研究功績賞受賞，素粒子物理学・天文学研究協議会（PPARC）の上席研究員を務める．また，国際会議での講演や，世界各地の研究機関に定期的に招かれている．これまで250以上の研究論文を発表，数冊の共著書がある．

訳者紹介
中田　好一（なかだ・よしかず）
東京大学名誉教授．理学博士．元東京大学木曽観測所所長．
東京大学理学部天文学科卒業，同大学院理学系修士課程修了．
東京大学助手，助教授，教授を経て2009年に東京大学を定年退職．
専門は赤色巨星の観測の研究．

サイエンス・パレット 010
星──巨大ガス球の生と死

平成 25 年 11 月 25 日　発　行

訳　者　　中　田　好　一

発行者　　池　田　和　博

発行所　　丸善出版株式会社
　　　　　〒101-0051　東京都千代田区神田神保町二丁目17番
　　　　　編集：電話(03)3512-3265／FAX(03)3512-3272
　　　　　営業：電話(03)3512-3256／FAX(03)3512-3270
　　　　　http://pub.maruzen.co.jp/

© Yoshikazu Nakada, 2013

組版印刷／製本・大日本印刷株式会社

ISBN 978-4-621-08735-0 C0344　　　　　　　Printed in Japan

本書の無断複写は著作権法上での例外を除き禁じられています．